KB187372

극지과학자가 들려주는

눈덩어리 지구 이야기

그림으로 보는 극지과학 시리즈는 극지과학의 대중화를 위하여 극지연구소에서 기획하였습니다. 극지연구소Korea Polar Research Institute, KOPRI는 우리나라 유일의 극지 연구 전문기관으로, 극지의 기후와 해양, 지질 환경을 연구하고, 극지의 생태계와 생물 자원을 조사하고 있습니다. 또한 남극의 '세종과학기지'와 '장보고과학기지', 북극의 '다산과학기지', 쇄빙연구선 '아라온'을 운영하고 있으며, 극지 관련 국제기구에서 우리나라를 대표하여 활동하고 있습니다.

일러두기

• 책과 잡지는 《 》, 영화는 〈 〉로 구분했다.

• 인명과 지명은 외래어 표기법을 따랐다.

• 참고문헌은 책 뒷부분에, 그림 출처는 그림 설명에 표시했다.

그림으로 보는 극지과학 10

극지과학자가 들려주는

눈덩어리 지구 이야기

적도까지 얼음으로 덮인 적이 있다고?

유규철 · 이용일 지음

차례

극지과학자가 들려주는 눈덩어리 지구 이야기

20여 년 전 남극 세종기지에 처음으로 도착한 새벽은 아직도 마음에 벅찬 감동으로 남아 있다. 연구선에 승선하여 긴 여정 동안 세찬 파도에 지쳐 침대에 누워 있다가 남극 육지에 가까워지면서 곤한 잠이 들었던 새벽녘. 닻이 내려지는 소리에 잠이 깨 갑판으로 올라가니 바로 앞에 세종기지가 하늘 위 구름을 뚫고 내리는 햇살과 주변 흰색의 빙하 속에서 어찌나 황홀하게 보이던지 한동안 추운 기운도 잊을 정도였다. 하지만 이제는 남극이 매년 가야 하는 연구 지역이란 직업의식이 강해져 맨 처음 경험한 그 순간의 들뜬 기분은 점차 해마다 되풀이되는 일상의 익숙함에 가까워졌다. 아무나 쉽게 갈 수 없는 남극에서 눈에 보이는 모든 것이 장엄하고 경이로운 대자연의 풍경을 그렇게나 경험하고 있는데도 말이다. 남극의 풍경에는 익숙해졌지만, 익숙해진 일상의 감각 너머 보이지 않는 남극을 바라보는 나의 시선은 여전히 동경과 무한한 상상을 쫓기 위해 노력하고 있다.

대학원에서 해양 지질을 전공한 나는 극지연구소로 온 이후 과거 기후 환경에 대한 연구를 계속 하고 있다. 현대의 과학 발전과 방대한 관측 자료에도 불구하고 아직까지 지구의 복잡한 기후 환경을 온전히 이해하기는 힘들다. 지구가 생성된 이후 그 오랜 시간 동안 기후에 대한 역사는 지구에 대부분 흐릿하게라도 흔적을 남긴다. 과학적 접근을 통해 이것을 추적하여 과거의 기후 변화를 탐구하는 연구자가 바로 고기후학자다. 고기후학은 지구라는 행성 시스템을 이해하고 현재 신행 중인 기후 변화의 원인을 규명하는 데 도움을 줄 뿐 아니라 미래의 기후를 예측할 수 있는 기반 정보를 제공한다. 지난 20년간 이 일을 위해 쇄빙선을 타고 남극해 여기저기를 탐사하며 연구를 해왔지만, 가끔은 남극 대륙을 향해 새롭게 도전할 대상을 무엇이 있을까 생각하고는 한다.

사실 우리의 남극 연구는 역사적으로 후발 주자라 규모를 비롯한 여러 측면에서 선도적인 연구를 지향하는 선진국과 발걸음을 나란히 하지 못하고 있다. 그럼에도 불구하고 자신 있게 말할 수 있는 것은 남극 대륙을 선점하려는 우리의 끊임없는 노력으로 남극에 두 개의 기지와 최첨단 쇄빙연구선을 갖추면서 주요 남극 연구 국가로 우뚝 섰다는 것이다. 이제 어느 정도 남극에서 활동할 수 있는 인프라가 만들어지면서 국내의 극지 연구자들은 세계와 견줄 수 있는 연구 결과를 만들어내고 있다. 다행스럽게도 대부분의 대규모 남극 연구는 국제적인 협력 체제로 움직이는 경우가 많아 우리가 적극적으로 참여 의사를 밝히면 선도적인 남극 연구에 발을 들일 수 있다. 그래도 새로운 패러다임을 만들고 이끌어가는 선진국을 보면 스스로 반성도 하게 되고, 우리 스스로 선도적인 국제 공동 연구 프로그램을 이끌어갈 날이 하루속히 오기를 고대하고 있다.

이 책은 남극 대륙을 바라보는 기존의 인식을 넓히고 싶은 마음에서 쓰기 시작하였다. 1980년대 말에 세종과학기지가 설립되면서 극지 연구가 우리나라에 태동했지만, 우리가 남극을 가까운 이웃으로 생각하기까지는 오랜 시간이 필요했다. 2004년 독자 운영 기관인 극지연구소가 설립되어 확실하게 자리를 잡으며 방송 매체를 통해 여러분들에게 자주 소개되면서 남극은 조금은 친근한 존재로 다가왔다. 하지만 아직까지도 우리가 어떤 극지 연구를 수행하고 있는지 아는 사람이 드문 것도 사실이다. 여러분의 극지에 대한 지식도 북극곰과 펭귄, 세종기지, 쇄빙연구선 아라온호, 지구온난화로 녹고 있는 북극 해빙이나 남극 빙하 등 단순 상식 수준에 머물러 있을 거라 미루어 짐작한다. 극지 과학자들이 어떤 일을 하고 있으며 극지의 환경은 어떤지 알리기 위한 노력이 바로 '극지과학자가 들려주는 이야기'를 꾸준히 만드는 것이 아닐까?

이런 노력의 일환으로 저자로 책을 펴내는 것을 영광스럽게 생각하며 한편으로 어떤 주제를 담아 세상에 내보낼까 고심하였다. 이 책은 까마득하게 먼 과거 의문스러운 지구의 비밀에서 시작한다. 여러분은 우주의 진화와 더불어 지구가 어떻게 형성되었고 미래에 어떻게 변할 것인지 교과서적인 내용은 어느 정도 알고 있을 것이다. 하지만 지구의 탄생에서 현재까지 진화의 세세한 과정은 잘 알지 못할 것이다. 물론 백악기 공룡은 워낙 유명 인사라 예외겠지만 말이다. 최근까지도 지구는 탄생 이후 마그마 바다가 서서히 식으면서 온난기와 한랭기를 거쳐 현재의 지구 모습을 갖추었다는 것이 지구과학자들의 일반적인 시각이다. 그런데 1990년대 후반 하버드 대학의 폴 호프만 교수가 과거 수억 년 전에 적도 부근을 포함해 지구 전체가 얼음으로 완전히 덮인 시기가 있었다는 '눈덩어리 지구 가설'을 제시하여 과학계에 커다란 반향을 일으켰다. 이 눈덩어리 지구의 대표적인 시기가 바로 6억에서 8억 년 전 스터티안과 마리노안 빙하기다. 현재도 과학계에서 논란의 대상으로, 그 신비를 풀기 위한 과학자들의 노력이 계속 진행 중이다.

과거 지구 전체가 완전히 얼음이었던 세상. 이를 이해할 수 있는 통로는 현재의 남극 대륙이 아닐까? 극지 과학자들이 과거 눈덩어리 지구를 추적할 수 있는 근거를 남극 대륙에서 찾고 있지만, 아직까지도 그럴듯한 증거나 추정은 찾지 못하고 있다. 저자는 일단 과학적인 호기심에서 수억 년 전의 눈덩어리 지구와 관련된 저서나 연구 결과를 읽어보았지만 현재의 남극 대륙과 상호 비교하여 보고되는 결과는 거의 없다는 것을 알게 되었다. 왜냐하면 남극 대륙의 과거 암석에서는 수억 년 전 눈덩어리 지구와 관련된 빙하 퇴적물 기록을 찾을 수 없기 때문이다. 그런데도 상상 밖에 할 수 없는 눈덩어리 지구의 모습은 분명 남극 대륙에서만 찾을 수 있어, 이에 대한 가능성을 이 책에서 제시하였다. 또한 우리가 아직은 가볼 수 없지만 행성학적으로 과거 눈덩어리 지구와 유사한 태양계 행성들이 현재 존재하고 있어 남극 대륙에 대한 새로운 가치도 제시하고 싶었다. 남극 환경 보존과 기후 변화에 따른 환경 변화는 지구온난화 문제와 연결되어 매우 중요하지만, 새롭게 추구해야 할 가치 창출도 남극 연구에 관심을 갖는 미래 젊은이들에게 큰 의미가 있기 때문이다.

이 책은 남극 대륙에 대한 새로운 호기심이 가득한 독자, 특히 미래 우주 시대를 준비할 차세대 청소년들이 관심을 갖기를 바라는 마음으로 준비하였다. 미래에 남극을 향해 도전하는 차세대 꿈나무들이 많아졌으면 좋겠다는 생각이 들었고, 또한 우리 연구자들에게 새로운 연구 과제 발굴의 아이디어를 제공하고 싶은 마음도 있었다. 저자가 수억 년 전의 과거부터 미래까지 폭넓은 이야기를 다루다 보니 지식에 어느 정도 한계는 있었지만 그래도 전문적인 내용을 상식 수준에서 끌어내기 위해 노력하였다. 이 책을 쓰면서 일부 사실 관계를 다듬어주신 이용일 선생님, 책이 완성되는 데 아낌없는 지원을 해준 홍보실과 노민경씨에게 깊은 감사를 드리고 옆에서 열심히 응원해준 아내에게 고마운 마음을 전한다.

출처: Erika Krause

1장

인류가 정복하지 못한
단 하나의 대륙

2018년 1월 미국 중서부에 −50℃에 이르는 강추위가 덮쳐 수십 명이 사망하고 도시 기능이 마비되는 사건이 일어났다. 기록적인 이 사건은 비록 짧은 기간이었지만, 우리의 안정적인 터전이 극한의 세상과 동떨어지지 않았다는 것을 알게 해 주었다. 그래서 혹시라도 우리가 미래의 극한 세상을 준비해야 한다면, 현재 주목해야 할 대상은 오직 한 장소밖에 없다. 바로 남극 대륙이다.

미래에 우주는 새로운 개척의 대상이다. 우리와 가까운 달과 화성은 남극 대륙과 유사한 극한 환경으로 메마르고 척박한 땅이다. 단지 인간에게 희망을 줄 수 있는 요소는 바로 이 두 장소에 모두 얼음이 존재한다는 점이다. 얼음은 인간 생존의 필수 요소인 물과 산소를 제공하며 더불어 연료까지 얻을 수 있다. 자급자족 환경을 만들기 힘든 남극 대륙과 이 두 장소의 조건이 비슷하다는 생각도 든다. 남극 대륙에서 인간이 완전하게 자급자족할 수 있는 환경을 조성할 수 있다면 가까운 우주 시대를 열어 줄 달이나 화성에서도 인류가 생존할 수 있는 방법을 찾을 수 있지 않을까? 이제 남극 대륙이 기후 변화의 모니터링 장소와 환경 보존이라는 틀을 벗어나 새롭게 인식될 수 있는 가능성이 있는지 생각해 보자.

혹시 모든 육지와 바다가 얼음으로 뒤덮인 세상이 우리의 터전이 될 수
있다는 생각을 해 볼 수 있을까? 마치 남극 대륙과 같은 얼음 세상 말이다.
이미 여러분은 현실이 아닌 영화에서 이런 가상 세계를 본 적이 있다.
2004년 우리에게 기후 변화에 대한 경각심을 일깨운 재난 영화
〈투모로우The Day After Tomorrow〉가 바로 그것이다. 이 영화는 급격한
지구온난화로 발생할 수 있는 세상을 그리고 있는데, 북반구 대부분이
빙하로 뒤덮이는 거대한 재앙을 보여 준다.

아름다운 행성 지구에서 인류의
진화를 돌이켜 볼 때 호모 사피엔스 사피엔스*는 마지막으로 출현
한 현생 인류다. 이들이 각 대륙으로 퍼지면서 인류의 삶은 급속하
게 달라졌다. 인류학자의 일반적인 견해로 볼 때, 호모 사피엔스는
동아프리카에서 중동을 거쳐 유럽과 아시아로 뻗어 나가 마침내
오스트레일리아와 아메리카 대륙까지 이동하였다. 이들이 야생 식
물을 채취하고 야생 동물을 사냥하던 수렵 방식에서 새로운 혁명,
즉 씨를 뿌리고 동물을 가축으로 길렀던 농업 혁명이 대략 1만 년
전부터 시작되었다. 상당히 오랜 시간(적어도 수십만 년 동안) 수렵
생활이 전부였던 인류는 농업 혁명이 일어난 후 점차 정착 생활에
물들게 된다. 수천 년이 지나 농업이 안정기에 접어들어 정착촌은
도시로 그리고 왕국과 제국으로 발전하며 지구상 대부분의 대륙은
인류의 실질적인 지배 아래 놓이게 되었다.

　지구의 대륙은 대부분 연결돼 있어 인류가 대륙을 탐색하는 데
큰 어려움이 없었지만, 일단 오스트레일리아에 이르기까지 정착이
되었다는 것은 당시 인류가 상당한 선박 제조 능력과 정교한 항해
기술을 지니고 있었다는 것을 의미한다. 인도네시아 제도에서 오

---

* 인류Homo라는 속은 지질 역사 중 빙하기와 긴빙기의 기후 역사를 가진 플라이스토세의 시작 시
　점(240만 년 전)에 지구상에 출현하였다. 그중 호모 사피엔스는 약 20만 년 전에 등상했으며, 약
　5만 년 전에 현생인류(신인류)인 호모 사피엔스 사피엔스가 나타났다.

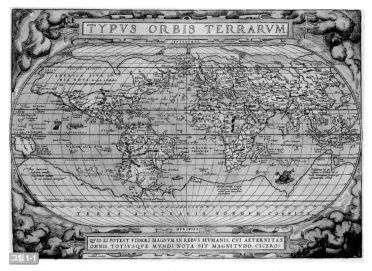

그림 1-1

1570년 아브라함 오르텔리우스가 제작한 세계 지도에서 남쪽을 가리키는 아래쪽에 "미지의 남방 대륙Terra Australis Nondum Cognita"라고 쓰인 문구가 보인다.

스트레일리아로 가려면 수많은 해협(일부 폭은 100km 이상)을 건너야 하기 때문이다. 하지만 인류의 대륙 탐사에도 불구하고 오랜 기간 인류사에서 잊혀졌던 대륙이 있다. 그 대륙은 바로 얼음의 땅, 남극 대륙이다. 4500년 전 인류가 다른 대륙과 동떨어진 오스트레일리아까지 들어와 정착했는데도, 미지의 땅 남극 대륙이 존재한다는 사실이 인류에게 알려진 것은 불과 몇백 년에 불과하다. 오래 전부터 '남쪽 땅Terra Australis'에 대한 신화는 여러 형태로 기록되어 왔다(그림 1-1). 대항해 시대(15세기 후반부터 18세기 중반)에 유럽의 배들이 세계를 돌아다니며 항로를 개척하고 탐험했지만, 당시에도 남극 대륙은 쉽게 발견되지 않았다. 현재까지 남극 대륙에서 인류학적 유적이 전혀 발견되지 않아 이같은 사실을 입증하고 있다. 지금까지 이루어낸 인류의 끊임없던 도전과 열망에 마치 결함이라도 있는 듯 느껴진다.

아마 남극 대륙을 둘러싸고 있는 거대한 소용돌이 바다인 남극해가 인류의 남극 발견과 진출에 가장 큰 걸림돌이었을 것이다. 남극 대륙과 가장 가까운 대륙은 남아메리카인데, 남아메리카 대륙의 최남단 육지에서 남극반도까지 바다 폭은 약 650km로 대형 목선의 등장 이전에 이곳을 건너는 것은 불가능했다. 드레이크 해협Drake Passage이라 불리는 이 바다는 높이 10m의 파도가 일상적으로 나타나는 매우 험난한 해역으로 오늘날의 고도화된 선박조차도 건너기 힘들어하는 곳이다(그림 1-2). 아주 오래 전 대륙을 통해 선 세계로 뻗어 나갔던 호모 사피엔스

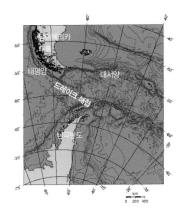

그림 1-2

남아메리카 대륙과 남극반도 사이의 좁은 드레이크 해협. 배가 대륙에서 남극으로 갈 수 있는 최단 코스다.

사피엔스 중 일부가 천신만고 끝에 남극 대륙에 도착했다고 상상해 보자. 농업 혁명을 이룬 이들에게 그곳에서는 농경 정착에 필요한 씨앗도 가축도 전혀 쓸모없었을 것이다. 상당한 지리 정보를 축적하고 있었던 선사인은 적도에서 북쪽이나 남쪽으로 갈수록 추워지고 살기 힘들다는 지식을 갖고 있었기에 감히 도전조차 하지 않았을 수도 있다.

그럼 과연 언제부터 인류는 남극이라는 존재를 인식하게 됐을까? 아마도 대항해 시대가 그 계기가 됐을 것이다. 15세기 후반에 대형 목선의 건조 기술과 항해술의 발달은 대항해 시대를 열었다. 당시 르네상스의 풍부한 자본을 바탕으로 지도학, 항해술, 화력과 조선 기술은 전 세계 해상 무역을 개척하는 데 지대한 역할을 했다. 사실 해상 개척 시대는 유럽인의 관점으로 그럴싸하게 포장된 것이지, 다른 각도에서 보면 그들의 탐욕과 무자비한 해양 식민 침략으로 얼룩진 시대로 바라보는 것이 옳지 않을까? 비싼 향료와 금과 은 등의 귀금속으로 보답받을 수 있는 단 한 번의 항해는 목숨을 보장할 수 없는 미지의 바다를 향해 뛰어들 수 있는 용기를 주었다. 한 번뿐인 꿈을 향해 험난한 바닷길을 마다하지 않았던 그들이 얻었던 것 중 하나가 바로 새로운 땅에 대한 지식이었다. 대항해 시대를 다른 말로 대발견 시대라고도 하는데, 유럽인들은 전혀 인식하지 못했던 한 지역을 그 과정에서 발견하게 된다.

18세기 후반인 1772년 영국의 제임스 쿡James Cook 선장은 남극권(남위 66.5°에서 극점까지의 지역)을 처음으로 돌파하였다. 그리고 남극 대륙을 처음으로 확인한 역사적 인물은 1820년 미하일 라자레프와 파비안 고틀리프 폰 벨링스하우젠이 이끈 러시아 탐험대다. 19세기 후반 스코틀랜드 지도 제작자 존 조지 바르톨로뮤John George Bartholomew가 처음으로 이 대륙을 "Antarctica"로 공식 명명하였다. 세상이 남극 대륙의 실체를 확인하고도 반세기 이상이 지나서야 정식 명칭을 갖게 되었다는 것은 무관심으로 밖에는 설명할 길이 없다. 하긴 험난한 바닷길, 극심한 추위, 자원조차 부족한 고립된 극한 세계를 반기는 나라는 아마 없었을 것이다.

> 남극권 바다는 18세기 말 영국의 제임스 쿡 선장이 가장 먼저 항해했고, 러시아의 벨링스하우젠 탐험대가 19세기 초 남극 대륙을 최초로 확인했다.

연평균 기온이 -20℃ 이하인 남극 대륙. 여름 시즌에 극히 일부 해안 지역만 비가 내리는 기후와 대부분 얼음(평균 두께 2160m)으로 덮인 극한의 조건을 지니고 있다. 하지만 놀랍게도 이곳에 생명의 기운이 존재한다. 원시체인 박테리아부터 미세조류, 식물, 50여 종의 새와 펭귄, 물개, 고래 등 상위 고등생물까지 다양하게 살고 있다. 하지만 문명 세계와 동떨어진 지리적 조건과 극한 환경도 유럽 제국주의의 탐욕을 막을 수 없었다. 남극 탐사단의 눈에 들어온 것은 연안에 끝없이 몰려있는 물개와 셀 수 없이 많은 고래였다.

이런 소문을 듣고 물욕에 눈이 먼 사냥꾼들이 무자비하게 죽인 털가죽물개가 1822년까지 적어도 백만 마리 이상이라고 한다. 남극 해역의 생물자원 수탈의 역사는 거의 200년에 이르고, 남극 대륙의 탐험에서 알게 된 물개와 고래의 서식지는 무자비한 사냥터가 되었으며 남극의 생물송은 차례로 멸종 위기에 처하게 된다. 남극의 털가죽물개 사냥은 1790년부터 시작되어 35년 만에 끝을 보았다. 더불어 코끼리해표는 약 100만 마리 이상 도살당했다. 과학기술이 발달하고 유럽 각국과 미국이 남극 진출에 속도를 내면서 수많은 고래잡이배가 남획에 합세하였다. 1900년대 초부터 혹등고래에서 시작해 흰수염고래, 참고래, 보리고래, 향유고래가 차례로 멸종위기종 명단에 올라가게 되었다. 남극 해역의 고래잡이가 1994년에 이르러 공식적으로 중단되지만, 그때까지 희생된 고래가 약 150만 마리라고 한다.

현재 남극 대륙에서 살육의 전초기지로 사용되던 시설물은 사라졌다. 세계가 남극의 생물 자원을 보호하기 위해 부단히 노력하면서 이전의 피비린내는 사라진 것이다. 아이러니하게도 누구의 영토도 아닌 남극 대륙을 선점하기 위해 선진국들이 과학 기지를 짓기 시작한 것도 남극의 생물 보호에 어느 정도 기여하였다. 서로의 감시 아래 남극 환경을 해치는 행위가 위축될 수밖에 없었고 남극 환경을 연구하는 과학자가 늘어나면서 환경 보호도 자연스레 외칠 수 있었다.

무엇보다도 더 이상 남
극 대륙을 약탈의 대상이
아닌 과학의 탐구 대상으
로 보게 한 것은 수십 년
동안 진행된 지구온난화
다. 지구온난화로 지구가
몸살을 앓게 되면서 남극
대륙의 만년빙이 위협을
받게 되자 많은 과학자들
이 남극 대륙의 변화에 주
목하였다. 산업혁명 이후
온실가스 증가, 무분별한
개발과 산림 파괴와 같은
자연환경에 대한 인류의
위협이 기후를 조절하는
지구의 자정 능력을 해칠
까 염려하는 것이다. 최근
수십 년 동안 지구온난화
가 급격하게 진행되고 있

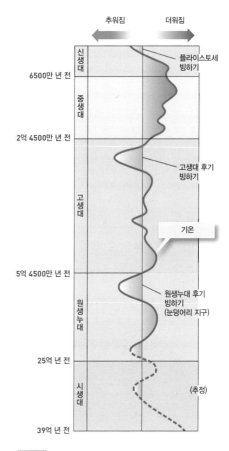

그림 1-3

지질 시대의 평균 기온 변화. 인류의 활동과
무관하게 선캄브리아 시대부터 신생대까지
빙하기와 간빙기가 반복적으로 나타나고 있
다. (출처: http://geologylearn.blogspot.
com/2016/04/the-pleistocene-ice-
age.html)

는 것은 사실이다. 지구온난화를 인류의 문제로 인식하는 시각도 있지만 자연적인 원인으로 보는 의견도 일부 존재한다. 인류 문명이 없었던 과거 기후에서 규모의 차이는 있지만 빙하기와 간빙기가 반복해서 나타나기 때문이다(그림 1-3). 어찌 되었건 현재 지구온난화로 인해 북극의 빙하와 남극 대륙의 얼음이 녹고 있다는 것은 틀림없다.

북극은 바다만 있어 북극해가 이야기의 중심이 되고 남극은 땅이 있어서 남극 대륙이 중심이 된다(그림 1-4). 특히 남극 대륙은 앞에서 언급한 것처럼 인류 문명과 동떨어진 곳이고 인류가 기대어 살고 있는 다른 대륙과 너무나도 극명한 환경 차이를 보여 준

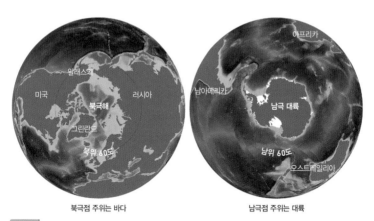

북극점 주위는 바다   남극점 주위는 대륙

그림 1-4

남극 대륙과 북극해

극지과학자가 들려주는 눈덩어리 지구 이야기

다. 무엇보다도 지구 담수의 약 61%를 차지하는 남극의 얼음은 지구 해수면 변동을 조절하는 중요한 요인이다. 수십 년 동안 기후 변화에 대한 남극의 중요성이 아직까지도 강조되고 있는 것은 해수면 변동이 가져올 위협이 결코 가볍지 않기 때문이다. 세계의 주

지구온난화로 지구가 변화를 겪으면서 남극 대륙이 관심을 받고 있다. 남극 대륙은 지구 담수의 61%를 얼음으로 갖고 있다. 만약 이 얼음이 녹으면 전 세계의 모든 해안가 도시가 바다에 잠길 것으로 예측된다.

요 도시들은 거의 대부분 연안에 위치하고 있어 지구온난화로 인한 해수면 상승은 재난으로 이어질 수 있기 때문이다. 아마도 우리는 뉴스 미디어를 통해 이런 위험에 대한 경고를 수없이 들어왔고 얼음이 녹아 부서지는 남극 현장 사진은 좋은 본보기 자료로 이용되고 있다. 남극 연구의 가장 큰 이슈가 기후변화인 것은 부인할 수 없는 사실이며, 우리는 어떻게 대처할 것인가에 대해 수십 년간 고민한 것도 사실이다.

우리가 지구온난화로 인한 남극 환경의 중요성을 고민하고 연구한지 상당한 시간이 흐르면서 자칫 여기에 계속 안주할 수 있다. 기존의 남극 대륙에 대한 인식에서 벗어나 이제는 새로운 사고가 필요한 시점이 아닐까? 마치 수백 년간 탐험을 통해 남극을 발견하고 탐욕으로 남극을 수탈했던 시대를 벗어나 지구온난화에 의한 남극 대륙의 고동을 줄이기 위해 보존의 시대로 넘어온 것처럼 말이다. 물론 지구의 마지막 청정 지대인 남극 환경이 앞으로도 보존

되어야 하는 것은 자명하다. 하지만 계속해서 남극해의 풍부한 크릴과 경이로운 고래의 몸짓, 귀여운 펭귄, 지구온난화로 녹고 있는 얼음과 환경의 변화에 초점을 두고 매달릴 수는 없다. 지금까지 선진국이 남극 대륙 환경 연구에 큰 투자를 해왔지만 현재는 투자가 점차 줄어들고 있는 실정이다. 물론 신비로운 극한 환경과 차후 영토 확장의 측면에서 남극 대륙에 대한 선진국의 관심이 아예 사라지고 있다는 이야기는 아니다. 바다에 가라앉은 조그만 돌섬도 아웅다웅하는 세상이니 말이다. 단지 수십 년 동안 매우 유사한 남극 환경 연구 주제가 정치적이든 연구 투자의 입장이든 점차 관심에서 멀어지고 있다는 것이다. 이제 세상 사람들 대다수가 남극 환경 변화에 대해 너무도 잘 알고 있다. 지구가 계속 따뜻해지면 남극 대륙의 얼음이 녹고 해수면이 상승해 우리에게 위협이 된다는 것 말이다. 그리고 자칫 남극 대륙의 환경이 바뀌면 남극 생태계에 큰 영향을 주게 된다는 것도 물론이다. 남극 환경의 문제는 결코 남극 대륙만의 문제가 아닌 인류와 지구 환경의 문제인 것이다. 하지만 이제는 새로운 인식을 가지고 남극 대륙을 바라봐야 하는 시점이 아닐까? 아니면 이제부터라도 새로운 인식의 전환이 요구되는 시점이지 않을까?

우리는 남극 대륙의 환경과 동떨어진 기후의 땅에서 생활하고 있고 풍부한 자원으로 인류가 살기에 적합한 대륙에 살고 있다. 모

극지과학자가 들려주는 눈덩이 지구 이야기

든 육지와 바다가 얼음으로 덮인 남극 대륙은 누구도 삶의 터전으로 생각하지 않는다. 그저 우리의 삶에서 동떨어진 외계 세상으로 느낄 뿐이다. 그런데 혹시 이런 극단적인 세상이 우리의 삶이 될 수 있다는 생각을 해보면 어떨까? 우리의 삶이 남극 대륙과 같은 얼음 세상일 경우를 말이다. 이미 여러분은 현실이 아닌 영화에

영화 〈투모로우〉 포스터 (출처: 20세기 폭스)

서 이런 가상 세계를 본 적이 있다. 2004년 우리에게 기후변화에 대한 경각심을 일깨운 재난영화 〈투모로우The Day After Tomorrow〉다(그림 1-5). 이 영화는 급격한 지구온난화로 발생할 수 있는 세상을 그리고 있는데, 북반구 대부분이 빙하로 뒤덮이는 거대한 재앙을 보여 준다. 이 정도는 아니지만, 이 영화처럼 지독한 한파가 최근 북반구에서 발생한 적이 있다. 2018년 1월에 미국 중서부에 −50℃에 이르는 강추위가 덮쳐 수십 명이 사망하고 대도시의 거의

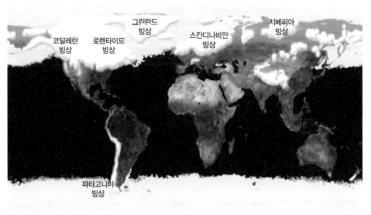

그림 1-6

마지막 최대 빙하기 동안의 지구 빙하 범위

모든 기능이 마비되는 사건이 일어났다. 이런 기록적인 사건은 짧은 기간에 벌어졌지만, 우리의 안정적인 터전이 극한의 남극 환경을 맞이할 수 있다는 사실을 느낄 수 있었다. 여러분은 이런 극한의 환경이 과거에도 있었다는 사실에 주목할 필요가 있다. 바로 2만 년 전에 있었던 빙하기다. 가까운 과거라고 할 수 있는 2만 6500년 전에 마지막 최대 빙하기Last Glacial Maximum, LGM가 도래해서 지구의 약 40% 이상이 얼음으로 덮였고 지구상의 생명체는 이를 극복하며 살아야 했다(그림 1-6).

다시 한번 생각해보자. 우리가 살아가야 할 터전은 먹을거리가 풍부하고 따뜻한 세상이지 얼음으로 뒤덮인 동토는 아니라고 생각할 것이다. 그런데 혹시라도 우리가 미래의 극한 세상을 준비해야 한다면, 현재 주목해야 할 대상은 오직 한 장소밖에 없다. 바로 남극 대륙이다. 그렇다고 이 남극 대륙에서 우리가 살아갈 터전을 마련해야 한다고 말하는 것은 아니다. 단지 온통 하얀 얼음밖에 보이지 않는 이 세상이 우리 미래를 대비하는 소중한 자산일 수 있다는 것이다. 우리가 알고 있는 지구의 모습은 과거와 현재가 같지 않고, 미래에는 다른 모습으로 다가올 것이다. 실제로 태양계 형성 초기 지구의 탄생부터 지금까지 지구의 얼굴은 변화무쌍하게 달라져 왔다. 지구는 역사적으로 현재의 모습과는 전혀 다르지만, 남극 대륙과 대비될 수 있는 세상이 있었다. 아주 오래전 지구 행성 초기에 육지와 바다를 통틀어 지구 전체가 얼음으로 덮여있었다면 여러분은 그 모습을 상상할 수 있고 믿을 수 있겠는가? 생명의 기운조차 존재할 수 없는 극한의 세상. 우리가 현재 살고 있는 지구에 이런 얼음 나라가 온 세상을 점령한 시기가 있었다고 한다. 현재 우리가 지구온난화를 걱정하는 것처럼 미래에는 거대한 빙하기에 직면할 수 있다. 영화 〈설국열차〉처럼 인류가 극한 상황에서 처절하게 살아갈 수 있다(그림 1-7). 두 편의 영화 〈투모로우〉와 〈설국열차〉처럼 자연직인 재난이든 인류의 인위적인 활동에서 촉발된 재난이든 미래에 지금보다 더 추워진 빙하기가 우리의 운명일

그림 1-7

영화 〈설국열차〉의 포스터
(출처: CJ 엔터테인먼트)

수 있다. 이런 점에서 아마도 남극 대륙은 조금 더 가까운 미래에 극한 세상을 대비할 수 있는 현실적인 대안이 될 수 있다. 2018년 1월 미국 중서부 도시를 강타한 강추위처럼 겨우내 극한 상황에 놓인다면, 우리는 무엇을 할 수 있을까?

또한 앞으로 새로운 개척의 대상은 우주인데, 우주도 극단적인 환경이란 점에서 남극과 유사하다. 곧 다가올 우주 시대를 맞이하여 달이나 화성 이주는 굉장히 매력적이며 현실적인 개발 계획으로 점차 인식되고 있다. 물론 지구와 다르게 달과 화성은 메마르고 척박한 땅이다. 인간이 살기 힘든 우주 환경이다. 단지 인간에게 희망을 줄 수 있는 요소는 바로 이 두 장소에 모두 얼음이 존재한다는 점이다. 얼음은 인간 생존의 필수 요소인 물과 산소를 제공하며 더불어 연료까지 얻을 수 있다. 어찌 보

얼음으로 뒤덮인 극한의 남극 대륙에서 살아갈 수 있다면, 달이나 화성 같은 극한의 환경에서 왜 거주하지 못하겠는가? 남극은 극한지 거주 환경 연구의 최적지이기도 하다.

면 자급자족 환경을 만들기 힘든 남극 대륙과 이 두 장소의 조건이 비슷하다는 생각도 든다. 그래서 남극 대륙에서 인간이 완전하게 자급자족할 수 있는 환경을 조성할 수 있다면 가까운 우주 시대를 열어줄 달이나 화성에서도 인류가 생존할 수 있는 방법을 찾을 수 있지 않을까? 이제 남극 대륙이 기후변화의 모니터링 장소와 환경 보존이라는 틀을 벗어나 새롭게 인식될 수 있는 가능성이 있는지 생각해 보자.

출처: Tanja Schulte

2장

지구의 빙하기 역사

지구에는 이제껏 수많은 빙하기가 존재했고 그 실체는 현재 남극 대륙의 모습과 별반 다르지 않았다. 2002년 미국의 애니메이션 〈아이스 에이지Ice Age〉는 어린이들에게 큰 인기를 끌었는데, 영화의 시대적 배경이 바로 2만 년 전 있었던 빙하 시대다. 그 시기는 지구 과학적으로는 '마지막 최대 빙하기'인데, 약 3만 년 전부터 1만 2000년 전까지를 말한다. 빙하가 지표면의 3분의 1을 뒤덮었고 나무가 자라지 않는 툰드라가 남유럽까지 확장하였다. 해수면은 지금보다 125m 낮았으며 대륙 사이에 바다가 일부 얼어 현생 인류의 대이동이 일어났다. 이 빙하기가 끝난 후 인류는 신석기 시대를 맞이한다.

전 지구적인 기후 역사는 어떻게 알 수 있을까? 이 비밀을 간직하고 있는 타임캡슐은 육상의 암석이나 해양/호수의 퇴적물, 얼음, 동굴 생성물(종유석이나 석순), 나무의 나이테 등이다. 이런 기후변화 보유자는 지구 곳곳에 분포한다. 지역적으로 다양하게 보존된 기후변화 보유자에서 기후 지시자를 분석하여 기후 환경 변화를 해석한다. 전 지구적인 기후변화 보유자에서 동일한 시기에 비슷한 전 지구적 기후변화가 감지된다면, 우리는 그 시기를 빙하기나 간빙기로 지정할 수 있다.

1 빙하기란?

'빙하기'라는 용어는 19세기에 식물학자인 카를 쉼퍼가 처음 제안했다고 한다. 1837년 스위스 과학자 장 루이 로돌프 아가시는 과거 지구에 빙하기가 있었다고 주장했으며, 1840년에 과거 수십만 년 동안의 빙하기 내용을 종합한《빙하에 대한 연구》라는 책을 출판하였다. 인류가 활발하게 활동한 홀로세Holocene 시기(1만 2000년 전부터 현재까지)와 몇천 년밖에 되지 않는 인류의 역사 기록을 고려하면 인류의 기억에서 빙하기는 상상이 되지 않는다. 이 연구 이후 19세기 중엽에 이르러야 과학자들이 온대 지역에서 빙하의 흔적을 찾아내면서 지구 역사에 빙하기가 존재했다는 사실을 받아들였다. 사실 지금부터 과거로 돌아가 인류가 번성하기 시작한 시기까지 혹은 그 이전에도 지구의 역사를 돌이켜보면 지구는 기후적인 관점에서 수많은 변화를 겪었다. 다시 말해 지질 역사에서 전반적으로 따뜻하거나(간빙기) 추운 시기(빙하기)가 계속 있었다는 것이다. 우리가 빙하기란 주제를 꺼내 들었을 때 빙하기의 정의가 무엇인지 먼저 생각해야 한다. 하지만 빙하기의 개념은 정의하기가 쉽지 않다. 지구 역사 전체에서 춥거나 따뜻한 시기는 매우 상대적인 개념이기 때문이다. 그렇지만 일반적으로 과거 260만 년 전부터 지구의 평균 기온이 상대적으로 낮았던 시기를 빙하기, 상대적으로 높았던 시기를 간빙기라고 부른다. 우리가 지구 기후 역

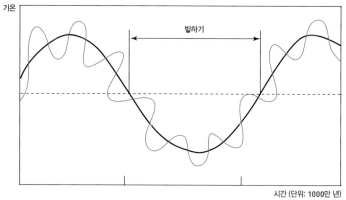

기온

빙하기

시간 (단위: 1000만 년)

그림 2-1

빙하기와 간빙기의 개념도. 천만 년 단위의 빙하기 내에 작게 요동치는 수백만 년 규모의 빙하기와 간빙기가 존재할 수 있다.

사의 전체적인 경향을 뒤돌아보면, 큰 기후변화 주기 내에 작은 기후변화 주기들이 요동치고 있다. 그럼 수천만 년의 기후변화 안에 한 번의 빙하기와 한 번의 간빙기가 있다고 가정해 보자(그림 2-1). 그런데 우리가 빙하기와 간빙기라고 생각하는 시기 안에서도 기후변화가 계속 일어나기 때문에 수백만 년 기간의 빙하기와 간빙기가 존재한다. 물론 빙하기와 간빙기가 서로 바뀌는데 걸리는 시간은 적어도 수백 년에서 수천 년이 걸린다. 이렇듯 빙하기와 간빙기가 상대적인 개념이다 보니, 빙하학, 대기학, 고기후학(과거 기후를 연구하는 학문) 등

빙하기는 정의하기 쉽지 않다. 춥거나 덥다 라는 느낌은 상대적이기 때문이다. 하지만 상대적으로 기온이 낮았던 시기를 빙하기, 상대적으로 높았던 시기를 간빙기라고 한다.

극지과학자가 들려주는 눈덩어리 지구 이야기

기후 관련 학계에서 사용하는 정의가 서로 달라 정확한 개념을 찾기가 어렵다.

아무튼 얼마나 추웠는가의 정도와 지속 시간의 차이는 있지만 지금까지 지구는 상대적인 빙하기와 간빙기가 반복적으로 일어났었다. 사실 몇 년 또는 수십 년 추웠거나 더웠다고 해서 '빙하기다' 혹은 '간빙기다'라고 말하지 않는다. 또한 어느 특정 지역에서 계속 더웠거나 추웠다고 해서 간빙기 혹은 빙하기라고 말하지도 않는다. 예를 들어 극단적으로 세대를 이어 극지방에서 살아온 사람들은 '지구는 지금 빙하기다'라고 주장할 수 있다. 마찬가지로 세대를 이어 열대 지방에서만 살았던 사람들은 거꾸로 간빙기의 지구만 상상할 것이다. 결국 빙하기와 간빙기는 일반적으로 전 지구적인 평균 기온 변화와 지속 시간을 근간으로 정할 수밖에 없다. 그렇다면 남극 대륙의 환경과 견주어 볼 수 있는 지구 최초의 빙하기는 언제였을까? 지구의 나이를 보통 45억 4000만 년으로 본다. 탄생기의 어린 지구는 매우 뜨거웠고, 서서히 식어가면서 지각을 형성하고 대기와 바다가 생성되었다. 이후 과학적으로 보고된 지구 최초의 빙하기는 선캄브리아대인 약 24억 년 전으로 보고 있다. 지구 탄생 이후 21억 년이 지나고 나서다. 사실 이 시기에 빙하기가 있었다는 증거가 지질 기록에서 최초로 발견되었다는 것이지, 이 빙하기가 지구 역사에서 최초로 있었던 빙하기라는 것은 아니다. 지구 탄생 이후 약 20억 년 동안 지구 환경을 알 수 있는 과학적인 기록이 매우 드물기 때문이다. 다시 말해 지구에서 발생한 최초의 빙하기가 정확하게 언제인지 알 수 없다고 말하는 게 맞을 것이다.

인류가 급속하게 지구 환경에 영향을 주기 전(보통 산업혁명 이전) 지구의 기후는 대체로 인위적인 요소가 배제된 자연 순환에 따라 변화했다. 이때의 인류는 예고 없는 자연의 순리에 순응하며 살았다. 농경 사회가 되면서 기후가 중요해져 일부 지역에서 지속적인 기상 관측이 이루어졌다. 그렇지만 지구 전체의 기후가 어떻게 변하는지를 관찰한 시기는 20세기 이후 불과 수십 년밖에 되지 않는다. 사실 전 지구적 기후 변화를 감시하는 실시간 관측은 아직도 미흡하다. 현재 우리 일상 생활에 큰 영향을 주는 기후를 알기 위해서 세계 각 나라는 육지, 바다와 대기 그리고 대기권 밖까지 관측 장비를 설치하고 지속적으로 기후 변동을 감시하고 있다.

그렇다면 전 지구적인 기후 역사는 어떻게 알 수 있을까? 이 비밀을 간직하고 있는 타임캡슐은 육상의 암석이나 해양/호수의 퇴적물, 얼음, 동굴 생성물(종유석이나 석순), 나무의 나이테 등이다. 이상 열거한 과거의 기후변화 보유자는 지구 곳곳에 분포하고 있다. 우리는 지역적으로 다양하게 펼쳐진 기후변화 보유자에서 기후 지시자(물리적이거나 화학적 또는 생물학적으로 기후에 따라 달라지는 인자들)를 분석한다. 기후 지시자의 한 예로 빙하 시료의 얼음

기포 내에 갇힌 온실가스를 들 수 있다. 우리는 대기의 온실가스가 기후를 조절하는 대표 요소 중 하나라는 사실을 잘 알고 있다. 우리가 과거 얼음 안에 포집된 대기의 온실가스를 파악할 수 있다면 당시 기후 환경이 어떠했는지 추측이 가능하다. 이처럼 상이한 기후

지구의 과거 기후는 해양이나 호수의 퇴적물, 얼음, 동굴, 나무의 나이테 등 기후에 따라 물리적, 생물학적, 화학적으로 변화가 생기는 물질을 통해 알 수 있다. 이들 기후 지시자를 통해 과거의 기후 변화를 알아낼 수 있다.

변화 보유자에서 다양한 기후 지시자를 분석하면 기후 환경 변화에 대한 해석이 가능하다. 전 지구적인 기후변화 보유자에서 동일한 시기에 나타나는 비슷한 전 지구적 기후변화가 감지된다면, 우리는 그 시기를 지구 역사에 나타난 빙하기나 간빙기로 지정할 수 있는 것이다. 또한 우리가 해양 퇴적물이나 빙하 시료에서 고해상도의 기후변화를 감지한다면 그 다음으로 중요한 것은 그 변화가 언제 발생했는지 시기를 아는 것이다. 과학자들은 각 시료에서 방사성 동위원소 분석과 같은 지구화학적인 방법으로 시료의 연령을 측정하지만 각 기후변화 보유자 사이에 분석 오차가 있어서 결과적인 연령 차이는 어느 정도 존재한다. 또한 위도나 장소에 따라 기후에 민감하게 반응하는 지역들이 존재하기 때문에 각 기후변화 보유자들 사이의 빙하기와 간빙기 시기의 시작과 끝이 조금씩 달라질 수 있다.

2 기후변화의 원인

그렇다면 기후변화의 자연적 원인은 무엇일까? 우리가 과학적인 이론을 떠올리기보다 단순한 논리로 생각해보면, 여러분은 날씨 변화의 가장 주된 요인으로 태양을 먼저 떠올릴 것이다. 하루에도 태양이 있고 없는 것이 따뜻한 낮과 추운 밤을 결정하기 때문이다. 만약 지구에 도달하는 태양의 복사에너지가 시간에 따라 변했다면, 지구의 기후도 그에 따라 달라졌을 것이다. 과거 100만 년 동안의 지구 궤도 운동을 연구한 세르비아의 천문학자 밀루틴 밀란코비치는 지구 궤도의 주기적 변화가 지구에 도달하는 태양 복사량에 영향을 주고 지구의 장기적인 기후에 영향을 주었음을 밝혔다. 지구 궤도 변화의 가장 중요한 세 가지 요인은 이심률(지구 공전 궤도의 형태 변화), 자전축의 기울어짐(지구 지축의 기울기 변화), 세차운동(지구 자전축의 회전 흔들림)이다. 이런 지구 궤도의 정확한 진단으로 지난 200만 년 동안의 빙하기 발생 원인을 설명할 수 있다. 이런 지구 궤도의 주기적 변화는 약 2만 3000년(세차운동), 4만 년(지축의 기울기) 그리고 10만 년(이심률) 주기로 지구 기후에 커다란 영향을 주었으며, 실제로 심해 퇴적물과 빙하 시추 코어의 과거 기후 기록에 잘 나타나 있다.

이 외에 장기적인 관점에서 현재와 다른 과거의 기후변화 요인은 지각 운동과 관련이 있다. 지구의 탄생 이후 지각을 비롯한 지구 내부 구조가 만들어지면서 지각 활동은 활발해지고 대륙의 분포와 해양의 모습은 계속 변화했다. 지각은 새롭게 형성되기도 하지만 동시에 소멸되기도 하며, 또 지각이 여러 개의 판조각으로 나누어지면서 이런 판의 움직임에 따라 대륙의 위치와 모양이 달라졌다. 이에 따라 해양 또한 그 크기나 모양이 달라지는 것은 당연하다. 일반적으로 기후대가 무엇에 따라 달라지는지 우리는 너무나 잘 알고 있다. 기후는 위도에 따른 태양 복사량의 차이와 대기와 해양순환에 따라 달라진다. 과거의 대륙의 형태와 위치가 지금과 달랐다고 상상해보자. 위도에 따른 태양 복사에너지가 지금과 유사할지라도 상이한 대륙과 해양의 위치로 인해 현재와 다른 기후변화가 나타날 것이다.

사실 판구조의 변화가 과거 빙하기가 있게 한 원인 중 하나라고 생각하게 된 것은 겨우 수십 년밖에 되지 않았다. 1960년대 이전에는 그 누구도 땅이 움직인다는 사실을 믿지 않았으니까 말이다. 1912년 독일의 알프레드 베게너는 대륙이 이동했다는 가설을 세웠지만, 대륙이 이동한다는 과학적 증거를 제시하지는 못했다. 이후 지각의 지구물리학적 자료와 해저 지형에 대한 자료가 쌓이면서 1960년대 말 과학자들은 지각판이 생성 및 이

> 빙하기가 발생하게 된 원인 중 하나는 대륙 판구조의 변화다. 태양 복사에너지를 받는 대륙과 해양의 면적 및 구조가 바뀌면 기후가 달라지기 때문이다. 대륙이동설은 알프레드 베게너에 의해 20세기 초에 제시되었고, 판구조론은 1960년대에 과학적 사실로 인정되었다.

동, 소멸한다는 판구조론을 보편적인 과학적 사실로 인정하였다. 지구 껍데기가 10개의 주요 판들(아프리카판, 남극판, 오스트레일리아판, 유라시아판, 북아메리카판, 남아메리카판, 태평양판, 코코스판, 나즈카판, 인도판)의 조각으로 구성되었으며 이들 판의 상호 작용으로 지구 표면의 모습이 형성된다는 판구조론이 느니어 받아늘여진 것이다(그림 2-2). 이 이론은 지구과학 전반에 걸쳐 획기적인 발전을 이끌었는데, 한 예로 과거 대륙의 형태를 복원하는 과학적 근거를 제공한 것이 대표적이다.

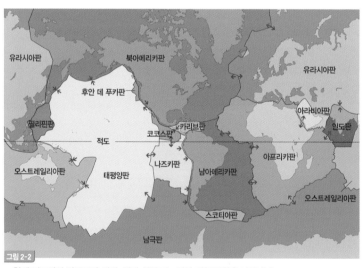

그림 2-2

현재 지표면의 판구조와 경계. 빨간 화살표는 판의 이동 방향을 나타낸다.
(출처: 미국 지질조사국USGS)

극지과학자가 들려주는 눈덩이 지구 이야기

다음은 대기 조성과의 관련성이다. 현재 지구온난화가 진행되고 있는 주요 원인이 대기 조성에서 온실가스의 증가와 관련이 있다고 대다수 과학자들이 인정하고 있다. 문제는 인류 산업화 이전에도 장기적인 온실가스 함량 변화가 존재한다는 것이다. 다시 말해 대기 조성의 변화는 자연적인 대기의 온실효과에 상당한 영향을 주었던 것이다. 물론 해양이 대기의 가스들을 흡수하거나 방출한다. 해양의 열염 순환(밀도 차이에 의한 해류의 순환)은 심층 순환을 만들고 대기 조성에 영향을 주는 것이다. 육상의 식생 또한 대기에서 온실가스를 흡수하는 능력이 있다. 빙하 코어의 기록을 살펴보면 빙하기에는 이산화탄소와 메탄 같은 온실가스 함량이 감소하고, 간빙기에는 증가하였다. 이런 변화의 원인을 찾기 위해 과학자들이 노력하고 있지만 대기와 해양 순환, 육상 생물군과 화학적인 활동 등 너무나 복잡한 관계가 얽혀있어 이들 요인의 상호 역학 관계를 밝히기는 쉽지 않다.

위에 열거한 원인은 예측 가능하거나 분석을 통해 그 변화를 찾아낼 수 있으며, 변화 주기를 보더라도 수천 년에서 수백만 년까지 상당히 장기적인 주기를 나타낸다. 이런 장기적인 변화 주기 안에서 예측하기 힘든 원인들로 인해 수년의 기후 변동에서 수백 년 주기의 소빙하기까지 초래될 수 있다. 현재로부터 약 1만 2000년 전까지에 해당하는 홀로세 지질 시대에 소빙하기Little Ice Age는 서기

1991년 6월 15일 필리핀의 피나투보 화산 폭발. 20세기에 발생한 화산 폭발 중 두 번째로 강력한 것이라고 한다. (출처: 미국 지질조사국USGS)

1350년부터 1850년 사이에 나타났으며, 이 소빙하기를 제외하고 나머지 홀로세 시기는 따뜻했다. 그렇다 할지라도 소빙하기 동안 기후가 계절 내내 추웠던 것은 아니었다. 겨울 한파와 찌는 여름, 폭우, 흉년, 따뜻한 겨울과 따뜻한 여름이 불규칙하게 나타나 유럽 사람들에게 곡식 생산이나 경제 활동에 상당한 피해를 줘 많은 희생이 따랐다고 한다. 이 시기의 기온이 오늘날보다 평균 약 0.5~1.0℃ 정도 낮아, 고산 지대에서도 빙하가 성장하고 또 빙하가 낮은 곳으로 전진했다는 기록이 남아 있다. 이에 대한 원인은 지구가 아닌 태양에서 유래된 것으로 보고되었다. 서기 1645년에서 1715년까지 갈릴레이의 천문 기록을 보면 태양 흑점[*]이 거의 관측되지 않는다. 태양에 흑점이 많으면 태양에서 활발한 대류 운동이 일어나 지구에 도달하는 태양 복사에너지가 많아진다. 태양의 흑점 수 변화에 따라 지구에 도달하는 복사에너지의 양도 변하면서 당시 지구 환경 안에서 변조가 일어나 소빙하기로 이어진 것으로 보고 있다.

이 외에 화산 분출과 외계 물질(혜성이나 소행성 또는 큰 운석)의 지구 충돌도 갑작스러운 기후변화를 일으키는 요인이다. 대규모 화산 분출은 많은 먼지와 이산화황 가스를 성층권으로 확산시킨다. 화산 먼지와 화산 기체가 대기에 머물며 태양빛을 반사해 짧은 시기 동안 추워지는 기후변동이 일어난다. 1991년 6월 중순에 필리핀 피나투보Pinatubo 화산이 분출했을 당시 약 2000만 톤의 이산화황이 대기 중으로 방출되었다(그림 2-3). 그 다음 해 지구 평균 기온이 약 0.8℃ 정도 낮아졌고 그 영향은 1993년까지 지속되었는데, 이런 기상 변화가 피

> 기후변화는 화산 폭발에 의한 분출물이나 운석과 같은 외계 물질의 지구 충돌에 의해서도 일어난다. 화산재나 운석 충돌에 의한 먼지는 태양 빛을 가려 지구 전체의 기온을 떨어뜨린다.

* 태양 표면에서 어두워 보이는 영역으로 상대적으로 낮은 온도를 갖는다.

나투보 화산 분출과 관련이 있다고 보고되었다. 1815년 인도네시아 탐보라Tambora 화산 분출로 북반구에 약 3년 동안 한랭한 기후가 지속되었다고 보고되기도 했다.

화산 분출과 더불어 운석 충돌 또한 급격한 기후변화를 일으키는 요인이다. 육상과 내앙에서 시실학사늘이 다양한 운석 중돌 구덩이(약 170개 이상의 충돌 흔적)를 발견한 결과 지질 역사에서 우주에서 온 물질의 침입이 지속적으로 있었다는 사실을 알게 되었다. 여기서 거대 운석이 지구와 충돌할 경우 지구에 어떤 일이 벌어질까 상상하는 것은 어렵지 않다. 매우 따뜻한 시기였던 중생대에 공룡을 비롯한 많은 생명이 갑자기 사라져버린 사건과 당시 운석의 지구 충돌 시기가 서로 일치한다면 우리는 그 운석 충돌이 몰고 온 재앙이 얼마나 큰지 짐작할 수 있다. 동시대의 두 사건을 다시 나열해보자.

지금으로부터 약 6600만 년 전 공룡을 포함해 많은 생물종(지구 전체 생물종의 반 또는 그 이상)이 갑작스럽게 사라졌다. 여러 가지 추측들(다른 예로 강력한 화산활동도 포함됨) 속에서 1980년 미국의 물리학자 루이스 앨버레즈와 지질학자인 월터 앨버레즈 부자는 이탈리아 구비오 지역에서 당시 쌓였던 점토층에 이리듐 함량이 특이하게 많다는 사실을 알게 된다. 이리듐은 지구에선 희귀한 금속이지만 운석에는 다량 함유되어 있기에 이들 부자는 대멸종이 운석 충돌과 관련되어 있다고 보고하였다. 이후 다양한 연구를 통해 운석 충돌로 인해 갑작스럽게 빙하기가 찾아오면서 지구 환경이 바뀌고 여기에 적응하지 못하고 많은 생명체가 사라진 것으로 추측하게 되었다. 매년 여러 개의 집채만 한 우주 바위가 지구 대기권으로 들어온다고 한다. 직경 약 10km의 외계 물질이 지구에 낙하하는 모의 실험을 하면 대부분의 생물이 멸종되어 인류 문명이 사라지는 결과를 보여 준다고 한다. 이에 일부 선진국은 우주 환경 감시 체제를 수립해 우주 재난에 대비하고 있다.

3 마지막 최대 빙하기Last Glacial Maximum

지구 환경의 지속적인 변화 과정에는 수많은 빙하기가 존재했고 그 실체는 남극 대륙의 모습과 별반 다르지 않았다. 그렇다면 우리 인류에게 지금으로부터 가장 가까웠던 전 지구적인 최대 빙하기는 언제였을까? 2002년 미국의 애니메이션 영화 〈아이스 에이지Ice Age〉는 국내에서 어린이들에게 많은 인기를 얻었는데, 이 영화의 시대적 배경이 바로 지난 2만 년 전 있었던 빙하 시대다. 이 영화의 인기로 후속작이 4편까지 나오면서 빙하기의 모습은 어느 때보다도 우리에게 친숙하다. 이 영화의 소재는 지구과학적인 관점에서 '마지막 최대 빙하기'라고 할 수 있다. 이 시기는 보통 약 3만 년 전

2만 6500년 전 지표면의 3분의 1이 얼음으로 덮인 '마지막 최대 빙하기'가 있었다. 해수면이 지금보다 125m나 낮았고, 유럽에 빙하가 쌓였다. 바다가 얼어 아시아에서 아메리카 대륙으로 인류가 이동한 시기이기도 하다.

부터 1만 2000년 전까지를 말한다. 빙상ice sheet*의 성장이 최대치에 오른 것은 약 2만 6500년 전으로 빙하가 지표면의 거의 3분의 1을 뒤덮었다고 하니 열대 지역이 아닌 대부분의 지역이 혹독한 환경으로 바뀌었을 것이다. 참고로 현재 지구의 빙하는 육지 면적의 약 10분의 1을 덮고 있다. 당시 빙하는 북부 유럽 대부분을 덮었고 나무가 자라지 않는 툰드라(tundra, 표면이 얼어있는 영구 동토층이 존재하는 지대)가 남유럽까지 확장되었다. 또한 이 시기에 해수면은 지금보다 125m 낮았으며 대륙 사이에 바다가 일부 얼어 현생 인류의 대이동이 일어났다. 북반구에서 해빙기는 약 2만 년 전에 시작되지만 남반구에서는 더 늦게 시작되었다. 빙하기가 끝난 후 인류는 신석기 시대를 맞이한다. 다시 말해 인류가 이동 생활에서 정착 생활로 생활 방식을 바꾸면서 문명을 발전시킬 수 있는 시발점이 된 것이다.

마지막 최대 빙하기 이후 현재까지 홀로세 동안 소소한 기후변화들이 나타났다(그림 2-4). 가장 대표적으로 약 6000년 전에는 현재보다 약 1℃ 높았던 중기 홀로세 온난기Mid Holocene Climatic

* 주변 영토를 50,000km² 이상 덮은 빙하 얼음 덩어리

Optimum가 있었고, 서기 900~1400년에는 현재보다 약 0.1~1℃ 높았던 중세 온난기Medieval Warm Period가 있었으며, 앞에서 언급한 소빙하기가 있었다. 홀로세가 시작하기 바로 전 특이한 한랭기인 영거 드라이어스기Younger Dryas가 있는데, 약 1만 3000년 전에서 1만 1800년 전까지 평균기온이 5~7℃ 정도 떨어지며 한랭한 기온이 약 1000년 이상 지속되었다(그림 2-4). 아이러니하게도 이 한랭기는, 마지막 최대 빙하기 이후 약 2만 년 전부터 시작되는 해빙기를 거치는 과정에서 온난화가 매우 급속하게 진행되었는데, 이로 인해 갑작스럽게 해양 순환이 변하면서 발생한 결과로 보고 있

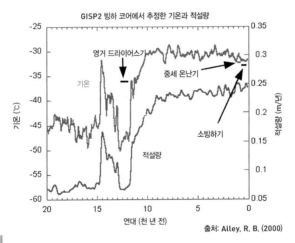

그림 2-4

그린란드 얼음 시추 코어에 나타난 지난 2만 년간 온도와 적설량 변화 (출처: https://wattsupwiththat.com/2012/06/16/younger-dryas-the-rest-of-the-story/)

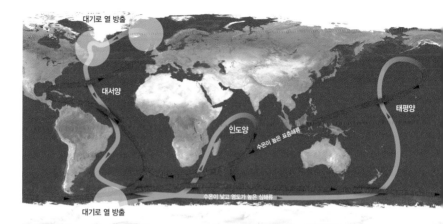

그림 2-5

컨베이어 벨트 모양의 현재 전 지구적 해양 순환. 차갑고 밀도가 큰 표층수(파란색)가 가라앉아 컨베이어를 구동시키고 따뜻한 표층수(빨간색)와 연결된다. (출처: 미국 지질조사국USGS)

다. 해양 기후에 가장 큰 역할을 담당하는 것은 남극과 북극의 해양 심층수 순환이다. 남극 대륙과 북대서양에서 밀도가 높은 차가운 표층수가 가라앉으면서 전 지구적인 심층수 대순환Great Ocean Conveyor Belt이 일어난다(그림 2-5). 하지만 당시 급속하게 기온이 올라가면서 밀도가 낮은 담수인 빙하 녹은 물이 북반구 심층수 생성 지역인 북대서양을 대량으로 덮치면서 심층수 순환이 갑작스럽게 멈추어 버린 것이다. 이것이 지구에 한랭한 기후를 몰고 왔다고 보고 있다. 이런 한랭기가 다시 빙하기로 이어지지 않은 원인에 대해 과학자들이 관심을 갖고 현재 연구 중이다.

4 오늘날도 빙하기다?

사실 앞에서 언급한 시간 간격보다 좀 더 긴 지질 시간 간격을 고려하면 현재 우리는 빙하기에 살고 있다고 말할 수 있다. 미국 스크립스 해양연구소의 지구과학자 더그 맥두걸의《우리는 지금 빙하기에 살고 있다Frozen Earth》라는 책은 빙하기의 전반적인 내용을 담고 있다. 이 책은 지구과학적으로 빙하기에 대한 증거와 연구 결과 그리고 현재 인류가 처한 문제점까지 두루 다루고 있으니 관심 있는 독자는 읽어보기 바란다. 지금으로부터 수천만 년 전에 현재보다 기온이 약 4~14°C까지 높았던 시기가 있는데, 이 시기를 팔레오세-에오세 극열기Paleocene-Eocene Thermal Maximum라고 한다. 5580만 년 전에 시작해 20만 년 동안 지속된 극심한 온난기

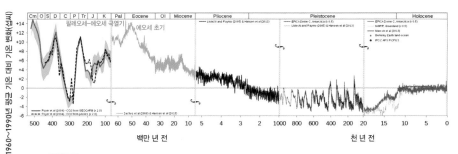

그림 2-6

지난 5억 년의 기후변화, 홀로세와 에오세의 극석인 기온 차이를 볼 수 있다. (출처: Royer, Dana. 23 March 2014. "Dana Royer comment at Real Climate". Real Climate)

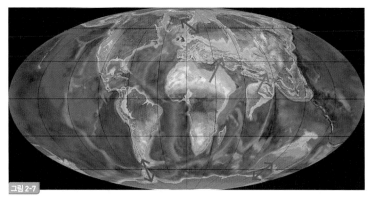

그림 2-7

5000만 년 전의 지구 지리. 남극 대륙이 오스트레일리아, 남아메리카 대륙과 점차 멀어지면서 남극점 쪽으로 이동한다. (출처: http://www.geologypage.com/2014/04/paleogene-period.html)

였다. 당시 지구 대륙의 형태는 현재와 사뭇 달랐다(그림 2-6). 이후 에오세(5600만 년 전~3390만 년 전)에서 올리고세(3390만 년 전~2300만 년 전)로 시간이 흐르면서 대륙은 계속 이동하였다. 앞에서 장기적인 기후변화를 일으키는 주요 원인 중 하나가 판구조 변화를 동반하는 지각 변동이라고 언급한 것을 기억할 것이다. 에오세 시기에는 남극 대륙이 현재의 오스트레일리아와 같은 위도에 있었는데(그림 2-7), 약 4000만 년 전에 분리되어 남극 쪽으로 이동하기 시작했다. 다시 말해 에오세 시기에 남극 대륙에는 얼음이 전혀 없었다는 것이다. 남극 대륙은 남아메리카 대륙, 오스트레일리아 대륙과 함께 붙어 있었으나, 남극 대륙과 오스트레일리아

극지과학자가 들려주는 눈덩어리 지구 이야기

대륙 사이의 태즈먼 해협Tasmanian Gateway이 약 5200만 년 전부터 갈라지기 시작하여 갈라지는 속도는 약 4800만 년 전까지 증가하였다. 이후 약 3400만 년 전부터는 남극 대륙과 남아메리카 대륙 사이에 드레이크 해협이 만들어지면서 남극 대륙은 다른 대륙과 완전히 분리되었다. 이렇게 분리된 남극 대륙의 둘레를 따라 남극 순환해류Antarctic Circumpolar Current가 형성되면서 남극은 열적으로 고립되었다. 드디어 남극 대륙에 빙하가 만들어지기 시작하였다. 당시의 대기 중 이산화탄소 함량 변화는 남극 대륙 빙하의 성장에 영향을 미치는 요인이었으며, 이로 인해 해류의 흐름에 영향을 주고 다시 이산화탄소의 함량에 영향을 미쳐 급격한 기온 변화를 일으켰다고 한다. 그리고 300만 년 전에 북아메리카와 남아메리카 대륙이 연결되면서 전 지구적인 해양 순환이 바뀌게 되었고 북아메리카와 유럽에 빙하가 성장할 수 있는 계기를 만들어 주었다. 이후 빙하의 활동은 활발해지고 지구 궤도의 주기적 변화와 지각운동, 대기/해양 순환 그리고 그 밖의 다른 다양한 기후변화 인자들의 상호 작용으로 춥거나 따뜻한 시기가 반복되어 나타났다. 이처럼 에오세 이후 크고 작은 기후변화를 겪어왔지만 전반적인 평균 기온은 에오세 이후 현재까지 계속 하락했으니 지구온난화로 몸살을 잃고 있는 현재에 대해 우리는 빙하기에 살고 있다고 말할 수 있는 것이다.

5 초거대 빙하기가 있었다?

우리가 신생대 에오세 시대에 살고 있다고 생각해 보자. 그곳에는 한대, 온대, 열대와 같은 다양한 기후 형태가 아닌 열대와 아열대만 존재한다. 세상 어딜 가도 따뜻하기만 하다. 인류는 지속되는 더위와 폭염과 싸워야 하고 냉 속에 도시가 만들어질 수도 있다. 식량 걱정은 없지 않을까 싶은데, 어딜 가도 열매는 풍부할 것이기 때문이다. 농사는 강우량과 관계가 있으니 각 대륙의 강이나 연안을 따라 농장이 즐비하게 늘어설 것이다. 다시 말해 우리는 얼음이 없는 지구에 살고 있을 것이다.

그렇다면 이와 정반대로 마지막 최대 빙하기를 넘어서는 극명한 빙하기가 지구 역사에 존재했을까? 마치 남극 대륙처럼 풀 한 포기, 나무 한 그루조차 없는, 그래서 생명의 기운이라고는 찾아보기 힘든 얼음만 있는 시기가 있었을까? 사실 온 세상이 남극 대륙과 같이 하얀 사막으로 덮인 시기가 존재했다고 생각하기는 쉽지 않다. 아마 누구도 쉽게 믿지 못할 상상이다. 왜냐하면 중생대부터 우리가 마주하고 있는 이 지구는 어마어마한 생명의 기운으로 넘쳐나기 때문이다. 하지만 최근 과학계에서 이런 세상이 지구 역사에 존재했다는 가설이 제기되면서 많은 과학자가 흥미를 보이고 있다. 바로 눈덩어리 지구Snowball Earth 가설이다. 눈덩어리 지구란 지구의 해양과 대륙 모두 하얀 눈으로 덮여 있어 마치 어린이들이 눈싸움하기 위해 만든 눈덩어리와 비슷하기에 만들어진 용어다. 우리는 다음 장에서 극한의 빙하기를 맞이한 눈덩어리 지구 모습의 실체부터 확인하고 조명할 것이다. 그리고 이에 대한 고찰을 통해 남극 대륙의 입장에서 과거 눈덩어리 지구를 바라보고 남극 대륙이 우리 미래에 어떤 의미를 줄 수 있는지 생각해볼 것이다.

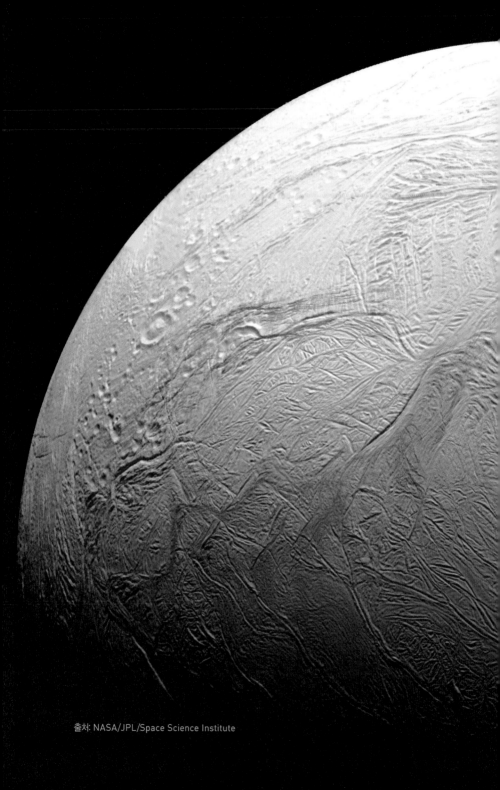

출처: NASA/JPL/Space Science Institute

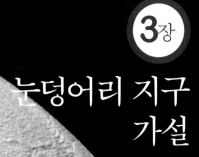

3장

눈덩어리 지구
가설

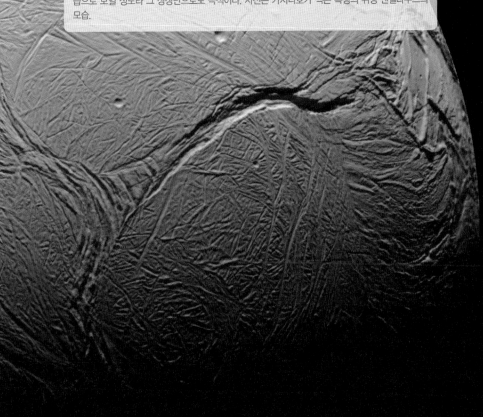

지구에 과연 남극 대륙처럼 풀 한 포기, 나무 한 그루조차 없는, 그래서 생명의 기운이라고는 찾아보기 힘든 얼음만 있는 시기가 있었을까? 사실 온 세상이 남극 대륙과 같이 하얀 사막으로 덮인 시기가 존재했다고 생각하기는 쉽지 않다. 아마 누구도 쉽게 믿지 못할 상상이다. 왜냐하면 우리가 마주하고 있는 이 지구는 과거부터 어마어마한 생명의 기운으로 넘쳐났기 때문이다. 하지만 이런 세상이 지구 역사에 존재했다는 가설이 제기되면서 많은 관심을 끌고 있다. 바로 '눈덩어리 지구 가설'이다. 눈덩어리 지구란 지구의 해양과 대륙 모두 하얀 눈으로 덮여 있어 마치 어린이들이 눈싸움하기 위해 만든 눈덩어리와 비슷하기에 만들어진 용어다. 얼음으로 덮인 지구가 마치 눈덩어리 모습으로 보일 정도라 그 상상만으로도 극적이다. 사진은 카시니호가 찍은 목성의 위성 엔셀라두스의 모습.

눈덩어리 지구 가설은 지구과학자들이 최신의 연구와 상상을 통해 만들어낸 과학의 산물이다. 이런 상상은 많은 사람의 끝없는 탐구로 그 실체가 드러나고 있다. 1992년 캘리포니아 공대 조지프 커쉬빈크Joseph Kirschvink 교수가 원생대 말기 눈덩어리 지구에 대한 아이디어를 책으로 발표하였고, 1998년 하버드 대학의 폴 호프만Paul F. Hoffman 교수는 저명한 학술지인 《사이언스》에 이 가설을 투고하여 큰 관심을 끌면서 모습을 드러내기 시작했다.

눈덩어리 지구 가설은

지구과학자들이 최신 연구와 상상을 통해 만들어낸 과학의 산물이다. 눈덩어리 지구는 과거 지구 전체가 얼음으로 덮여 있었다고 가정한다. 얼음으로 덮인 지구가 마치 눈덩어리 모습으로 보일 정도라 그 상상만으로도 극적이다. 이처럼 믿기 어려운 세상은 아주 먼 과거로 올라가야 한다. 우리가 현재와 미래는 만들어 갈 수 있지만 경험해 보지 못한 먼 과거는 어찌 보면 상상의 산물일 수 있다. 하지만 이런 상상도 끝없는 탐구에 의해 그 실체가 드러나게 되었다.

1992년 캘리포니아 공대 조지프 커쉬빈크 Joseph Kirschvink 교수가 원생대 말기 눈덩어리 지구에 대한 아이디어를 책으로 발표하였고, 1998년 하버드 대학의 폴 호프만Paul F. Hoffman 교수는 저명한 학술지인 《사이언스》

> 눈덩어리 지구 가설은 과거 일정 시기에 지구 전체가 얼음으로 덮여 있었다고 가정한다. 1990년대 미국의 조지프 커쉬빈크와 폴 호프만이 각각 제안했다.

에 이 가설을 투고하여 큰 관심을 끌었다. 이 가설이 논란이 되었던 것은 태양계에서 지구의 탄생 이후 지구 행성사에 대한 기존 입장과 배치되는 주장이었기 때문이다. 탄생 이후 초기 지구가 마그마 바다로 덮여 데워진 상태에서 서서히 식어간다고 추측할 수 있었기에 지구 전체가 얼어붙은 상태는 상상할 수 없었던 것이다. 지구 전체가 꽁꽁 얼어 있다고 상상해보자. 태양은 거의 변하지 않는 상태로 존재했기 때문에 태양빛은 언제나 지구로 들어왔을 것이다. 하지만 지구 전체가 얼기 위해서는 태양빛이 지구 대기 바깥에서 반사되어 지구에 도달되지 않아야 한다. 이것은 도저히 불가능한 설명이기에 눈덩어리 지구는 상상할 수가 없었다.

그렇다면 지구 역사를 연구하는 과학자들이 이렇게 허무맹랑해 보이는 눈덩어리 지구를 상상할 수 있었던 근거는 과연 무엇이었을까? 사실 이렇게 오래전 과거의 지구 행적을 추적하기 위해서는 과거 지구의 역사를 담고 있는 기록자가 있어야 하는데, 그 기록자들 중 하나가 지상에 노출된 암석이다. 암석은 생성 원인에 따라 크게 화성암, 퇴적암, 변성암으로 나뉜다. 이들 암석은 지각 순환과 관련이 있다. 지구에 바다가 형성되고 육지와 접한 부분을 통해 육상 토양이 바다로 들어가 퇴적물이 생성되고 이 퇴적물은 깊은 지각으로 스며 들었다가 변성을 받거나 녹았다가 지각 변화로 다시 육상으로 드러난다. 과학자들은 이 암석들의 방사성 동위원소를 측정하고 화석을 감정해 그 암석들이 언제 만들어졌는지 알 수 있다. 지질과학자들은 육지에 드러난 지층의 나이를 측정해 크게 선캄브리아대(시생대와 원생대), 고생대, 중생대, 신생대로 분류하였고 그 퇴적층의 상태와 화석, 지화학적인 분석을 통해 과거 지표의 자연 환경을 추적할 수 있었다(표 3-1). 그들은 이 암석의 상태(퇴적상-퇴적물이 쌓인 환경 지시자)와 지화학적 분석 결과로부터 기후 변화와 관련된 정보를 얻을 수 있었다.

대	기(세)		연대	고생물	특징적인 환경
시생대			38억 년 전~ 25억 년 전	시아노박테리아(원핵생물) 출현 → 광합성 세균 출현	대륙지각 및 대기층 형성
원생대			25억 년 전~ 5억 4100만 년 전	진핵생물 출현 → 로디니아 대륙 형성 → 다세포 생물 출현	2번의 눈덩어리 지구 빙하기
고생대	캄브리아기		5억 4100만 년 전~ 4억 8500만 년 전	척추동물, 해구어 최초 출현 → 삼엽충, 해면, 완족동물 번성	해양식물 산소 방출로 대기권 산소 증가
	오르도비스기		4억 8500만 년 전~ 4억 4400만 년 전	무척추동물 번성 → 극피동물, 불가사리 등 번성 → 원시 육상식물 출현	말기 빙하기와 대멸종
	실루리아기		4억 4400만 년 전~ 4억 1900만 년 전	최초 관다발 조직의 육상 생물 출현, 삼엽층과 연체동물 번성	
	데본기		4억 1900만 년 전~ 3억 5900만 년 전	최초 종자식물, 나무, 수생 양서류 출현	북아메리카와 유럽이 합쳐진 유라메리카 대륙 발생
	미시시피기		3억 5900만 년 전~ 3억 2300만 년 전	양서류가 육상으로 진출, 연골어류와 극피동물 풍성, 암모나이트 번성	곤드와나 대륙 동부에 빙하기
	펜실베이니아기		3억 2300만 년 전~ 2억 9900만 년 전	날개 곤충 출현, 양서류 번성과 바다 생물 풍성	숲이 나타나고 대기 중 산소 농도 증가
	페름기		2억 9900만 년 전~ 2억 5200만 년 전	속씨식물 출현, 바다 생물 번성 → 후기 빙하기로 대멸종	판게아 초대륙 형성과 후기 빙하기
중생대	트라이아스기		2억 5200만 년 전~ 2억 100만 년 전	공룡과 어룡 및 포유류 출현	건조한 기후
	쥐라기		2억 100만 년 전~ 1억 4500만 년 전	겉씨식물과 양치식물 번성과 공룡의 다양성 증가	판게아 대륙이 곤드와나와 로라시아로 분리, 지중해 형성
	백악기		1억 4500만 년 전~ 6600만 년 전	공룡의 진화와 원시적 조류 출현 → 약 6500만 년 전 공룡 멸종	곤드와나 대륙 분리
신생대	제3기		6600만 년 전~ 258만 년 전	대형 포유류 등장 및 번성, 속씨식물의 진화와 번성, 초원 전개 및 유인원 등장	남극 빙하화로 빙하 시대 도래
	제4기	플라이스토세	258만 년 전~ 1만 2000년 전	거대 포유류의 번성과 멸종으로 이어지고 현생인류 진화	
		홀로세	1만 2000년 전~ 현재	구석기 시대 종료와 인류의 문명 시작	

표 3-1

지질 시대의 대표적인 환경과 생물의 변천

우리는 어떻게 암석의 상태를 보고 과거에 빙하가 있던 추운 시기가 있었다고 말할 수 있을까? 지질학자들은 먼저 현재 지질 현상의 연구 결과를 토대로 육상의 오래된 암석을 이해한다. 육상이든 해양이든 퇴적물은 다양한 매개체를 통해 물리/화학/생물적인 요인에 의해 만들어진다. 이 퇴적물이 땅속으로 매몰되고 굳어지는 과정을 거치면서 다양

지질학자들은 다이아믹타이트라는 극지 해양에서나 발견되는 진흙과 뒤섞인 각진 암석 넝어리가 본대와 열대 지방에서 발견된다는 것을 눈덩어리 지구 가설의 증거로 제시한다.

한 암석 형태가 만들어진다. 지질학자들이 눈덩어리 지구를 가정할 수 있는 기본적인 과학적 근거는 다이아믹타이트diamictite의 존재인데, 이 빙하 퇴적물 형태는 각진 암석 덩어리와 자갈부터 점토까지 불규칙하게 혼합된 퇴적상*을 보여 준다(그림 3-1). 해양지질학자들은 해저 시추**를 통해 얻은 시추 퇴적물로 퇴적 환경과 작용을 연구한다. 극지 해양에서 연구자들은 다른 기후대의 연안이나 해양 환경에서 찾아볼 수 없는 특이한 퇴적상을 발견하게 되는데, 그것은 각진 암석 덩어리와 조각이 진흙과 특정한 형식 없이 섞인 퇴적물이었다. 오직 극지역의 빙하 주변 육상과 해양 퇴적물에서 찾을 수 있었다. 육상의 지질 기록은 침식 등으로 연속적이지

* 퇴적물이 만들어질 때 환경 조건에 따라 다르게 나타나는 특징적인 상태
**신동섭, 《극지과학자가 들려주는 아라온과 떠나는 북극 여행》, 116~123쪽 참조

극지과학자가 들려주는 눈덩어리 지구 이야기

눈덩어리 지구 가설의 증거로 지목되는 원생대 나미비아 빙하퇴적층을 가리키는 하버드 대학의 폴 호프만 교수. 해당 지층에 빙하에 의해 운반되어 떨어진 역(각진 큰 돌이나 자갈)들이 박혀 있다. (출처: http://snowballearth.org)

않지만, 해양 퇴적물은 과거로부터 현재까지 지구의 지표 환경 기록을 연속적으로 갖고 있어 암석 퇴적상을 현생 퇴적상과 서로 대조해 볼 수 있다. 다시 말해 현재의 퇴적 환경에 대한 이해가 암석에 나타난 과거 환경을 조명할 수 있는 근거가 되는 것이다.

다음으로 유빙운반역dropstone도 과거 빙하기의 일면을 볼 수 있는 과학적 증거다(그림 3-2). 여러분은 강바닥에서 보는 역礫(자갈)들이 거의 둥근 모양인 깃을 알고 있다. 역들은 강 상류에서 하류로 운반되면서 물리적 충돌에 의해 각진 모양이 사라지고 둥근 모

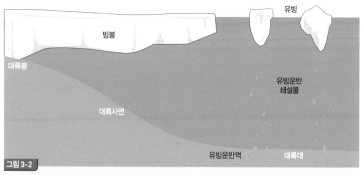

그림 3-2

유빙에서 떨어지는 유빙운반역. 빙붕은 남극 대륙의 빙상이 바다로 이어져 바다 위에 떠 있는 빙하를 말하며 두께가 보통 300~600m이다.

양으로 변한다. 빙하 환경에서 대부분의 역은 빙하 주변 암석과의 기계적인 풍화 혹은 빙하 이동 중 바닥이나 측면 암석이 뜯겨 그 형태가 크게 각져 있다. 높은 지대에 두껍게 쌓인 빙하는 무게에 따른 중력에 의해 낮은 지대로 흐른다. 이렇게 빙하가 이동을 하는 과정에서 육상의 암석 덩어리와 조각들은 빙하 바닥에 붙어 운반

빙하가 이동해 바다로 흘러들어가 녹으면 빙하 안에 있던 암석이 떨어져 해저 퇴적물에 섞인다. 이런 유빙운반역은 극지 환경에서 볼 수 있는데, 적도를 포함한 저위도 지역에서 광범위하게 발견되어 눈덩어리 지구 가설의 근거가 된다.

된다. 빙하 바닥의 암석은 갈려 거친 돌이 만들어진다. 빙하가 해안가에 이르면 지반이 더 이상 빙하를 지탱하지 못하고 무너져 내려 바다로 흘러들어 유빙icebergs이 생성된다. 다량의 유빙이 바다로 운반되어 녹을 때 유빙에 붙어있는 암석 파편이 바다 밑으로 떨어

극지과학자가 들려주는 눈덩어리 지구 이야기

지는데, 이렇게 떨어진 역들이 퇴적물에 드문드문 섞여 빙하 환경
에서만 볼 수 있는 특이한 퇴적상을 만든다(그림 3-3). 이 역들의
표면에 운반 도중 빙하가 긁고 지나간 흔적들이 나타나기도 한다.
당연히 이런 역의 특징은 다른 기후대에서는 찾아볼 수 없다. 눈덩
어리 지구 가설은 지구의 모든 지역을 포함한다. 오래전 빙하기에
이런 다이아믹타이트나 유빙운반역이 극지역에서 발견된다고 하
면 당연한 결과라고 여겨진다. 그것은 극지 환경에서만 볼 수 있는
해양지질학적 퇴적물이기 때문이다. 하지만 이런 퇴적암이 적도

그림 3-3

아프리카 나미비아의 가웁 증군에서 볼 수 있는 유빙운빈역. 각진 암석과 눌린 층리 모양은 암
석이 낙하하여 만들어졌음을 반영한다. (출처: http://www.snowballearth.org)

지역을 포함해 저위도 지역에서 광범위하게 발견되면서 과학자들은 오래전 지구에 전 지구적인 얼음 세상이 존재했다는 가설을 제시하게 되었다.

놀랍게도 이런 암석들이 28억 년 전의 선캄브리아 시대Pre-cambrian에도 나타나며, 이후에도 수 차례나 나타난다는 것이다. 이시기 이후 24억 년 전, 7억 2000만 년 전, 6억 5000만 년 전에 발생한 세 번의 빙하기는 이 글에서 다루고 있는 눈덩어리 지구와 관련이 있다(그림 3-4). 여기에서도 눈덩어리 지구의 강력한 증거는 다이아믹타이트, 호상縞狀 점토 퇴적물, 빙하가 녹은 물에서 생성된

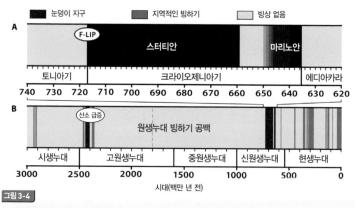

그림 3-4

지난 30억 년 이후 발생한 빙하기. (A) 검정 띠는 스터티안과 마리노안 빙하기 기간을 보여 준다. (B) 검은색은 눈덩어리 지구 시기이며, 진한 회색은 지역적인 규모의 빙하기이고, 점선은 의문스러운 빙하기를 나타낸다. (출처: Hoffman et.al., 2017)

극지과학자가 들려주는 눈덩어리 지구 이야기

하천 퇴적물, 암석 표면의 빙하 흔적에서 찾을 수 있다. 사실 눈덩어리 지구 가설이 발표되었을 당시 과학계에서 논란이 된 것은 당시 지구 환경에 대한 기존의 생각과 너무 달랐기 때문이다. 위에서 언급했듯이 초창기 지구 행성이 생성되면서 오랜 시간 지각 활동이 활발했기 때문에 상당히 오랜 시간 지구가 따뜻했을 것이라고 과학자들은 추정하였다. 대다수의 사람들이 이 상식을 벗어나는 것은 상상할 수 없었다. 일 년 내내 태양빛이 이글거리는 열대 지역이 얼음으로 덮여있었다니 당연히 논란거리가 될 수밖에 없었다.

5억 4300만 년 전 현생이언Phanerozoic Eon 이후에는 이와 같은 광범위한 전 지구 빙하기가 발생하지 않았다. 즉 현생이언 이후 빙하 환경 퇴적물은 대부분 극지역에서만 나타났으며 다른 기후대에서는 거의 나타나지 않는다. 물론 빙하기가 최대에 달했던 시기(마지막 최대 빙하기와 같은)에 일부 빙하 환경 퇴적물이 북반구에서 위도상 한대와 온대 경계 아래에서 발견되기도 한다. 그럼 일 년 내내 태양이 이글거리는 적도를 생각해보자. 눈덩어리 지구 상태에서도 오늘날과 같이 적도는 분명히 다른 위도 지역에 비해 많은 태양 복사에너지를 받았을 것이다. 이 열대에도 극지역과 같은 얼음이 존재할 수 있다고 생각할 수 있을까? 단지 빙하 관련 퇴적물이나 유사한 증거가 발견된다고 단순하게 지구를 눈덩어리로 표현할 수는 없다. 눈덩어리 지구는 말 그대로 지구 전체가 얼음으로

그리이오제니아기 빙하 퇴적물의 연대 분포. (A) 마리노안(6억 4500만 년 전에서 6억 3500만 년 전)과 (B) 스터티안(7억 1700만 년 전에서 6억 5900만 년 전). 노란 점은 빙하 기원 퇴적물이 발견되는 장소이고, 빨간 점은 철 산화 형성 퇴적물과 관련이 있는 곳이다. 노란 점 내의 검은 별에서는 빙하기 이후 캡 돌로스톤 속에서 자생이나 해저 중정석(BaSO₄)이 발견된다.
(출처: Hoffman et.al., 2017)

덮여 있으니, 당시 열대 지방에도 빙하 환경과 관련된 사건이 발생해야 한다. 사실 세 번의 눈덩어리 지구 사건을 가리키는 지질학적 증거가 발견되는 현재의 위치는 당시 위치와 전혀 다르다. 예를 들어, 그림 3-5는 7억 2000만 년 전과 6억 5000만 년 전 빙하기의 퇴적물 분포를 보여 준다. 당시 눈덩어리 지구를 확인해주는 퇴적암이나 화산암이 발견되는데, 그림에서 보듯 현재의 위치를 과거

적도는 과거에도 지구상 다른 지역에 비해 태양 복사에너지를 많이 받는 곳이다. 빙하 퇴적물이 발견된다고 해서 지구를 눈덩어리라고 표현할 수는 없다. 과거의 대륙 위치를 비롯하여 지리적으로 위치 조정이 필요하다.

와 동일하게 볼 수 없다. 여러분은 여기에서 눈덩어리 지구와 관련된 증거를 보여주는 위치를 재조명할 필요가 있다는 것을 알 수 있다. 그래야 당시 복원된 고지리에서 이런 증거들이 적도를 포함해 전 지구적으로 나타난다는 사실을 기반으로 눈덩어리 지구를 가늠

극지과학자가 들려주는 눈덩어리 지구 이야기

할 수 있다.

이를 위해서는 앞에서 언급한 판구조론을 다시 꺼내 들어야 한다. 우리가 판구조론을 지질 시대와 연관시키면, 억 년이 넘어가는 아주 오래전 시대는 현재와 전혀 다른 대륙 형태를 가지고 있었을 것이다. 우리는 판구조론을 이용해 빙하 기원 퇴적물이 발견되는 현재의 장소를 그 시대로 돌아가 다시 배치할 수 있다. 눈덩어리 지구의 증거가 적도를 포함해 전 지구에 위치하고 있는 것을 알 수 있는 것이다. 이 이론으로 과학자들은 해당 시기에 전 지구적 규모의 광범위한 빙하기가 있었다는 근거를 마련하였다. 바로 적도와 가까운 지역에 빙하 환경이 존재해야 하며, 다른 위도 지역의 증거들은 전 지구 빙하기 사건을 보조해 주고 있는 것이다.

사실 지구과학계의 혁명과도 같은 판구조론이 만들어지지 않았다면 눈덩어리 지구 가설은 결코 빛을 보지 못했을 것이다. 판이 움직인다는 살아있는 증거는 해저 지각에 남아 있는 잔류자기의 방향이다. 먼저 잔류자기가 무엇인지 알 필요가 있는데, 잔류자기는 지구의 자기장과 관련이 있다. 지구의 자기장은 과거로부터 끊임없이 변해왔다. 다시 말해 지구 자기장의 세기와 방향이 시간에 따라 계속해서 변하고 있다. 지구 자기장은 지구가 탄생하면서 형성된 것으로 보고 있다. 잔류지기는 암석이나 퇴적물에 남아 있는 과거의 지자기다. 잔류자기는 어떻게 형성되는지에 따라 3가지 유형으로 분류할 수 있다. 첫 번째, 열 잔류자기는 분출된 마그마가 서서히 식어 퀴리 온도[*] 이하로 냉각되면 철광물이 지구 자기장 방향으로 정렬되어 만들어진다. 두 번째, 퇴적 잔류자기는 물 속에서 퇴적물이 퇴적될 때 강한 자성을 가진 광물 입자가 지구 자기장 방향으로 정렬되어 만들어신나. 세 번째, 화학 잔류자기는 자성을 띠는 광물이 일정 크기 이상으로 만들어질 때, 그리고 기존 광물이 재결정화될 때 지구 자기장 방향으로 정렬하여 형성된다. 쉽게 말해 종이 위에 철가루(강한 자성을 지닌 입자)를 올리고 종이 아래에서 자석을 움직이면 철가루가 자극에 따라 배열되는 것과 같은 이치다. 퇴적물이 쌓이면서 잔류자기 배열이 고정되는데, 오랜 시간 암석이 되어 지각판이 이동하면서 그 암석의 지자기 방향은 점차 시간적인 자기장과 달라질 것이다. 실제로 이런 암석의 잔류자기 정보가 시간적으로 나열되어있는 것을 조사하니 현재 지구 자기장의 방향과 현저하게 다르다는 사실을 알게 되었다.

해저 지각을 탐사한 지구물리학자들은 해령이 존재하는 대양이 해저 확장의 중심이고 맨틀 내부로부터 마그마가 올라와 생성된 해양 지각이 중앙 해령을 중심으로 확장한다고 주장하였다. 먼저 대양의 중앙 해령과 가까울수록 연령이 최근이고 멀어질수록(보통

---

[*] 자성을 강하게 띠는 물체가 강자성 상태에서 상자성 상태로 변하거나 그 반대로 변하는 전이온도(580℃)를 말한다. 강자성체를 이 온도 이상으로 가열하면 자성이 사라진다.

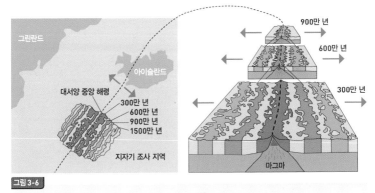

대서양 해령을 따라 나타나는 자기 역전. 해저 확장의 강력한 증거다.

섭입대 근처) 연령이 증가한다는 사실이다. 또한 지구물리학자들이 해령에서 섭입대까지의 잔류자기를 측정한 결과 시대에 따라 자극의 역전이 반복적으로 나타난다는 것을 알게 되었다(그림 3-6). 지구 자기 역전은 지구 자기장의 자기 방향이 역전하는 현상이다. 현재는 나침반의 바늘이 북쪽을 가리키고 있는데, 과학자들이 해저 지각의 지자기를 측정해보니 지자기의 북극과 남극이 시간의 흐름에 따라 바뀌었다는 것을 알게 되었다. 이에 대한 정확한 원인은 아직 밝혀지지 않았지만 대서양 해저 지각을 조사한 결과 500만 년 동안 50만 년 내지 70만 년 주기로 한 번씩 지자기가 역전하고 있음을 발견하였다(그림 3-7). 결국 우리는 대륙이 이동하였다는 확실한 증거를 갖게 되었고 지구 표면의 대륙이 각각 특정 판에 포

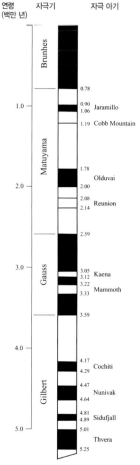

연령
(백만 년)

자극기

자극 아기

Brunhes

0.78

1.0

0.90
1.06 Jaramillo

1.19 Cobb Mountain

Matuyama

1.78

Olduvai

2.0

2.00

2.08

Reunion

2.14

2.59

Gauss

3.0

3.05 Kaena
3.12
3.22 Mammoth
3.33

3.59

4.0

Gilbert

4.17 Cochiti
4.29

4.47 Nunivak
4.64

4.81 Sidufjall
4.89
5.0
5.01 Thvera
5.25

그림 3-7

지난 500만 년 동안의 지자기 역
전. 지자기 극성이 현재와 같으면
정상으로 검정색이다.
(출처: 미국 지질조사국USGS)

함된다는 사실을 알게 되었다.

다시 눈덩어리 지구 사건이 발
생한 시대로 돌아가서 당시의 지
구 판을 생각해보자. 자그마치 수
억 년이 훨씬 넘는 세월이다. 당시
판 구조의 형태는 현재와 전혀 다
를 것이다. 우리는 태양 주위의 성
운에서 지구가 탄생한 후 언제
핵-맨틀-지각으로 분리되었는지
알지 못한다. 과거의 판 구조가 어
떤 형태를 갖추었는지 알려면, 현
재로부터 추적할 수밖에 없다. 결
국 우리가 현재부터 과거까지 그
연대가 알려진 암석의 지구 자기
를 알 수 있다면, 과거 판의 위치
에 따른 지자기 위도의 정보를 알
수 있다. 앞에서 언급한 것처럼 암
석에서 강한 자성을 지닌 요소의
자기 방향은 생성 시점부터 보존
된다. 보통은 퇴적 잔류자기의 형

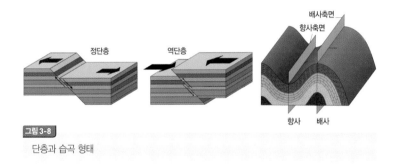

정단층　　　역단층

배사축면
향사축면

향사　배사

그림 3-8

단층과 습곡 형태

태로 남아 있는데, 과거 지구의 자기 방향이 당시 평탄한 장소에 쌓인 퇴적물 층리에 기록된다. 그런데 과거 퇴적층은 오랜 시간을 거치면서 지각 변동을 받아 현재는 습곡이나 단층의 형태로 지표 가까이에 노출돼 있다(그림 3-8). 이런 영향까지 보정하여 생성 당시의 과거 지구 자기 및 그에 따른 퇴적 장소의 위도 값을 구해야 한다. 사실 우리가 과거 판 구조 활동을 판단하기 어려운 요인도 존재한다. 과거 퇴적물이 평탄한 장소가 아니라 경사진 장소에서 쌓이는 경우도 있다. 그리고 퇴적물이 지각 깊숙이 들어가면 압력 과 열을 받아 변성 작용을 겪게 된다. 이런 요인은 과거 지구 자기 를 측정하여 얻어진 과거의 지자기 위도 값에 오류를 줄 수 있다. 과거 판 구조 활동 연구 결과를 보면, 과거 11억 년 전까지는 다양 한 지질 현상을 판 구조 활동으로 그런대로 잘 설명할 수 있지만, 11억 년 전 이전에도 현재와 유사한 판 구조 활동이 일어났는지 명확하게 설명할 수는 없다. 그 이유는 11억 년 전 이전의 암석은 오래된 시간만큼이나 여러 번의 변성 작용과 변형 작용을 거쳤을 가능성이 매우 높아 과거 지구 자기 해석에 대한 신뢰도가 떨어질 수 있기 때문이다. 물론 오래된 암석 중 약한 열 변성 작용과 변형 작용을 거친 것들이 일부 남아 있어 25억 년 전의 조산운동(거대한 산맥이 형성되는 지질 작용)에 대한 정보를 부분적으로는 알 수 있다.

과거 판구조 활동에 대한 지질학적 자료는 11억 년 전을 기점으로 분명한 정보량의 차이를 보여 준다. 11억 년 전 이전의 자료가 드물다고 했으니 선캄브리아대 시대인 23억 8000만 년 전과 18억 년 전의 의문스러운 눈덩어리 지구 사건에 대한 증거는 더욱 드물게 존재할 것이다. 남아프리카공화국 북부와 보츠와나에 분포하는 퇴적층인 트란스발 누층군Transvaal Supergroup은 약 24억 년 전 저위도 빙하 환경의 퇴적상을 포함하고 있다. 이 누층군에는 빙하가 흐른 흔적(빙하가 바닥을 긁고 간 줄무늬)이 남겨진 암석 조각이 포함된 다이아믹타이트와 유빙운반역이 퇴적상에 나타난다. 또 다른 지역으로는 캐나다 온타리오 주의 허로니안 누층군 Huronian Supergroup도 동일 시기 남부 아프리카 지역 퇴적층과 유사한 퇴적상을 보여 준다. 오스트레일리아 서부 킴벌리 층군 Kimberley Group의 킹 레오폴드 사암King Leopold Sandstone은 18억 년 전의 눈덩어리 지구 사건의 증거를 보여 준다. 선명한 줄무늬를 보여주는 자갈들은 빙하의 역동적인 흐름 방향을 나타내고 있으며 이 또한 과거 지구 자기 연구를 통해 당시 위도가 적도에 인접했었음을 알려 준다.

이제 지질학적 정보가 풍부한 11억 년 전으로 가보자. 7억 2000만 년 전에서 6억 3500만 년 전 사이의 지질 시대는 크라이오제니아기Cryogenian Period라고 하는데, 그 중에서도 눈덩어리 지구와 관련된 흥미로운 기간은 약 7억 2000만 년 전~6억 6000만 년 전의 스터티안Sturtian 시기와 6억 5000만 년 전~6억 3500만 년 전의 마리노안Marinoan 시기다 (그림 3-4). 무엇보다도 당시 빙하 흔적을 가진 암석들이 거의 모든 위도에 걸쳐 거의 모든 대륙에서 많이 발견된다는 사실이다(그림 3-5). 물론 당시 대륙의 형태는 오늘날과 달

> 6~7억 년 전 스터티안과 마리노안 시기에는 빙하 흔적을 가진 암석들이 거의 모든 대륙에서 발견된다. 당시 초대륙이 저위도 지방에 위치해 있었는데, 지구 전체가 얼음으로 덮여 있었다는 것을 입증한다.

랐는데, 고지리학paleogeography 연구에 의하면 극지방에는 대륙이 분포하지 않았으며 큰 초대륙이 저위도 지역에 분포하고 있었다고 한다. 지질학적 증거가 풍부하고 잘 정립된 당시의 고지리는 전 지구가 하얀 세상을 맞이했다는 논리를 너무나도 잘 입증해 준다. 게다가 전반적으로 저위도 지역의 해수면에서도 광범위하게 빙하 환경이 발달했다는 증거들이 다수 보고되었다(Hoffman and Li et.al., 2009; 그림 3-9). 계속 언급되는 증거는 빙하 해양과 관련이

높은 퇴적상인 다이아믹타이트와 유빙운반역, 유빙운반역의 줄무늬 흔적, 과거 지구 자기, 대륙의 위치와 방향의 재구성을 통한 기반암의 과거 위도들이다.

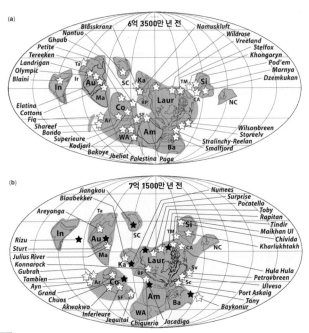

그림 3-9

(a) 스터티안과 (b) 마리노안 빙하기 퇴적물의 분포를 보여주는 고지리도(Hoffman & Li, et.al., 2009). 검은 별은 호상 철광층과 관련된 퇴적물.
Ar, 아라비아; Am, 아마조니아; Au, 오스트레일리아; Ba, 발티카; CA, 추콧타-북극 알래스카; Co, 콩고; In, 인도; Ir, 중앙 이란; Ka, 칼라하리; Laur, 로렌티아(Sc. 스코틀랜드와 Sv. 스발바르 포함); Ma, 모슨; NC, 북 중국; SF, 새오 프란시스코; RP, 리오 데 라 플라타; SC, 남 중국; Si, 시베리아; Ta, 타림; TM, 투바-몽골리아; WA, 서아프리카

극지과학자가 들려주는 눈덩어리 지구 이야기

오스트레일리아 하머스레이 레인지(Hamersley Range)의 호상 철광층
(출처: 미국 지질조사국USGS)

 그리고 스터티안 빙하기 동안 호상 철광층縞狀鐵鑛層, **Banded Iron Formation**이 일부 제한적으로 적도에서 발견되는데(그림 3-10), 이것은 빙하기 퇴적물을 대표할 수 있는 지층이라고 딱히 말할 수 없어 생성기작에 대한 다양한 해석이 존재한다. 이 호상 철광층은 잘 발달된 층리 구조를 보여주며 약 95% 이상의 철을 함유한 호상 철광층은 광물 지원 측면에서 매우 중요한 지층이다. 지질 연대에서 철광층은 바닷속 용존 철 이온이 광합성을 하는 미생물에 의해 만

들어진 산소와 반응하여 산화철이 만들어지고 이것이 침전되어 나타난 결과물로 보고 있다. 실제로 18억 5000만 년 전 이전에도 철광층이 나타나는데, 그것은 일반적으로 철 무게함량 15% 이상의 세립질 퇴적암이다(Bekker et al., 2010). 그런데 스터티안 빙하기가 눈덩어리 시구 환성이었냐면, 선 지구의 해양이 얼음으로 덮여 있었으니 당시 호상 철광층은 이전의 철광층과 다른 생성 기작을 갖고 있을 것이다. 왜냐하면 현재 발견되는 호상 철광층은 대기 환경의 요소들이 대기와 만나는 바다와 끊임없이 영향을 주고받아 생성되기 때문이다. 일단 스터티안 빙하기의 호상 철광층은 철 무게함량 50% 이상으로 이전과 다른 면모를 보여 준다. 호상 철광층 생성의 가장 기본적인 요소는 산소이기 때문에 지질 연대에 따른 산소의 변화가 고려되어야 한다. 바다의 산소 농도가 25억 년 전 이후로 계속 증가하는데, 생명체의 모든 활동은 물론 대기와 해양 간 화학적 교환이 거의 정지되는 눈덩어리 지구 환경이라면 바다는 산소가 거의 없는 환경이 될 것이다. 결국 당시 두꺼운 얼음으로 덮인 바다의 산소 농도가 급격히 낮아진 상태에서 호상 철광층이 생성되었다는 사실은 특이할 수밖에 없다. 이에 대한 생성 기작은 뒤에서 다룰 것이다.

1 눈덩어리 빙하의 원인은?

만약 눈덩어리 지구가 진실이라면 당시의 평균 기온은 얼마나 되었을까? 과학적인 평균 추정치는 -50℃ 정도이니 상상할 수 없을 정도다. 적도는 평균 -20℃ 정도로 추정되는데 오늘날 남극 대륙의 평균 기온과 거의 비슷하다. 저자가 2018년 남극 장보고과학 기지(이하 장보고기지)에서 -30℃가 넘는 겨울을 보낼 때 두껍게 방한 의복을 챙겨 입고도 밖에서 20분을 채 견디지 못하고 기지 건물로 뛰어 들어온 기억이 난다. 여러분은 지금까지 눈덩어리 지구 가설의 증거가 지질 역사에 남아 있다는 사실을 알았으니, 이제 눈덩어리 빙하기가 어떻게 발생하게 되었는지 궁금할 것이다. 지구 탄생 초기부터 약 5억 년 전까지 지구 대부분의 지역은 따뜻했기 때문에 대륙 빙상은 존재하지 않았고 해양 환경에서 쌓였던 퇴적층이 잘 나타난다. 선캄브리아 시대의 전반적인 경향과 다른 세 번의 뚜렷한 눈덩어리 지구 사건은 논란이 될 수밖에 없다. 아마 일반적인 빙하기라면 과학자들도 수긍하겠지만, 극단적인 눈덩어리 지구의 경우 과학자들에 따라 이견도 많고 의견은 다양할 수밖에 없다. 물론 세 번의 눈덩어리 빙하기는 발생한 시기가 서로 크게 달라서 그 원인 또한 다르다.

그럼 먼저 24억 년 전 눈덩어리 지구 사건부터 시작하도록 하자. 가장 먼저 고려해야 할 것은 당시 대기 환경이다. 우리가 가장 쉽게 생각할 수 있는 환경 변화 요인은 대기의 온실가스다. 만약 따뜻한 환경이었던 선캄브리아 시대에 갑자기 눈덩어리 지구가 찾아왔다면 우리는 그 원인을 온실가스의 농도 변화에서 찾아볼 수 있다. 우리는 지구온난화 문제에 직면하면서 온실가스로 인한 환경 변화를 익히 길 알고 있다. 대기학적인 측면에서 지구를 따뜻하게 하는 온난화의 주요 요인은 온실가스다. 이산화탄소와 메탄 등 온실가스 농도가 지구 대기에서 증가하면 온난화를 이끌고 역으로 줄어들면 지구는 추워진다. 선캄브리아 시대의 대표적인 온실가스는 이산화탄소, 메탄(CH_4), 에탄(C_2H_6), 카르보닐황(OCS) 등으로 알려져 있다. 만약 온실가스의 변화로 눈덩어리 지구 사건이 일어났다고 가정한다면, 눈덩어리 빙하기가 시작될 때 온실가스가 극단적으로 감소하거나 반대로 대기에서 태양빛을 반사시키는 물질(예로는 먼지, 이산화황 등)의 유입이 크게 늘어야 한다. 과학자들은 눈덩어리 빙하기가 시작되는 25억 년 전쯤에 대기에 무슨 일이 일어났는지 추적한 결과, 당시 대기 중 산소 농도가 급격하게 증가했다는 사실에 주목했다. 이 변화로 그 이전 대기권에서 볼 수 없었던 오존층이 성층권에 형성될 정도였으니 말이다.

  그렇다면 당시 산소 농도가 어떻게 급작스럽게 증가했는지 알아보자. 아주 오래전 지질학적 나이로 45억 년 전에서 25억 년 전까지 적어도 20억 년 동안 지구에는 산소가 없었다. 25억 년 이전에는 황화수소(H_2S)를 수소와 황으로 분해하는 황화 박테리아가 존재했다. 25억 년 전 어느 시점에 물에서 수소를 추출할 수 있는 시아노박테리아cyanobacteria라는 고마운 생명체의 탄생이 지구에 생겨난 산소 기체의 출발점으로 보고 있다(그림 3-11). 이 생명체가 탄생하기 전에는 황화 박테리아가 유황성 광합성을 통해 황화수소에서 수소를 만들었다. 약 40억 년 전 지구에는 원시 대기가 형성되면서 메탄, 암모니아, 황화수소로 채워져 있었다. 원시 생명체는 풍부한 대기 성분을 토대로 살아야 한다. 하지만 지구가 물바다 행성으로 바뀌면서 생명체는 새로운 도약의 발판을 마련하게 된다.

그림 3-11

오스트레일리아 서쪽 샤크만에 있는 스트로마톨라이트. 이것은 시아노박테리아의 생명 활동에 의해 생성되는 퇴적 화석으로 초기 지구의 형성 과정과 박테리아 및 미세조류 진화 과정 정보를 간직하고 있다. 스트로마톨라이트의 성장속도는 연간 1mm 이하다.

생명체가 대기에서 수소를 만들기보다 너무나도 풍부해진 물에서 수소를 추출하려고 시도한 것이다. 이에 대한 결과물이 시아노박테리아의 출현이다.

사실 이 생명체의 출현이 혹독한 지구 행성의 대기에 중요한 것은 이들이 물에서 수소를 만들기 때문이라기보다는 이들이 광합성을 하는 과정에서 만들어내는 부산물 때문이다. 그 부산물이 바로 산소라는 기체다. 최근의 연구로 이 생명체는 약 37억 년 전부터 지구에 출현하여 차츰 번성을 거듭해 바다를 지배하기 시작했다. 이렇게 시아노박테리아가 광합성을 하면서 부산물로 만들어진 엄청난 양의 산소는 바다를 넘어 대기로 공급되었을 것이다. 이렇게 대기에 산소의 농도가 급격하게 늘어난 사건과 눈덩어리 지구 사건의 시작은 어디까지나 추측이지만 갑자기 급격하게 늘어난 대기 산소가 따뜻한 기후를 유지하도록 이어주는 온실가스의 급격한 산화(온실가스 제거, 즉 메탄 제거)로 이어져 빙하기를 이끌었다고 볼 수 있다. 극지방부터 얼기 시작한 지구는 얼음이 많아지면서 태양빛을 더 많이 반사해(알베도 증가) 지구가 어는 것이 급격하게 진행되었을 것이다. 열대 지역과 대양에서 얼음이 확장하면서, 얼음의 알베도는 계속 높아지고 얼음으로 덮인 지

24억 년 전 눈덩어리 지구 사건은 대기 기체 조성의 변화에 의한 것이라고 추정된다. 당시 광합성을 하는 시아노박테리아가 출현하면서 산소 농도가 급격하게 높아졌고, 온실가스 작용을 하는 메탄을 산화해 기온을 낮췄을 것이라 추정한다.

역은 더욱 안정화되어 지구는 거의 눈덩어리 상태에 도달할 것이다. 참고로 액체인 물의 알베도는 0.1, 육지는 0.3, 얼음은 0.45~0.65, 신선한 눈은 약 0.9다. 알베도가 높을수록 햇빛의 반사가 커진다.

약 24억 년 전 발생한 눈덩어리 지구는 언제까지 지속되었을까? 눈덩어리 지구 이후의 과거 기후를 추적해 보니 약 23억 8000만 년 전까지 지속되었다고 한다. 그리고 18억 년 전에 다시 빙하기(불확실한 눈덩어리 지구 빙하기)가 찾아오는데, 그 사이에 지구의 기후는 따뜻했다. 사실 지구 전체가 얼어 있었다면 지구로 들어오는 태양빛은 거의 우주로 반사되기 때문에 지구는 영원히 얼음 세상이 되어야 한다. 그러니 눈덩어리 지구 사건이 영원히 지속될 수 없었던 이유가 무엇이었는지 생각해야 한다. 과학자들은 지구 내부의 힘과 연관이 있었을 것으로 보고 있다. 단단한 얼음으로 덮인 눈덩어리 지구. 대기의 기온만으로 이런 상태를 해소하기에는 분명히 부족하다. 결국 지구를 덮고 있던 얼음을 녹일 수 있는 강력한 힘은 지구 내부의 뜨거운 힘밖에 없다고 과학자들은 생각하였다. 특히 온실가스(특히 메탄)가 영구동토층과 해양 퇴적층을 뚫고 대기로 올라와 영구적일 것 같던 눈덩이리 지구가 사라지는 계기가 되었을 것으로 보는 것이다.

> 눈덩어리 지구가 녹은 것은 지구 내부의 뜨거운 힘에 의해 **영구동토층과 해양 퇴적층**을 뚫고 나온 메탄과 같은 온실가스 때문일 것이라 보고 있다.

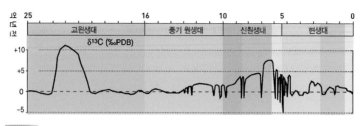

원생대와 현생대의 탄소 동위원소 진폭 (출처: Bartley and Kah, 2004)

　이 눈덩어리 지구가 녹아가는 동안 빙하 퇴적물 바로 위에 쌓인 퇴적물은 탄산염 암석인 캡 돌로스톤(백운암)이다. 돌로스톤은 탄산염 광물인 돌로마이트(백운석)로 이루어진 퇴적암이고 빙하 퇴적물 위를 덮고 있어 캡 돌로스톤이라고 부른다. 이 퇴적암은 일반적으로 석회암으로 형성된다. 보통 석회암은 따뜻한 바닷물 속에 사는 생물의 겉껍질이나 파편으로 이루어지며 주성분이 탄산칼슘이다. 하지만 당시에는 껍질을 가진 생명체가 출현하지 않았기 때문에 탄산칼슘이 침전하기 위해서는 따뜻한 바다 조건이 갖춰져야 한다. 이에 따라 캡 돌로스톤의 생성은 빙하기가 아닌 간빙기의 결과로 볼 수밖에 없다. 무엇보다 이 암석의 퇴적 구조에는 폭풍이 심하게 부는 바다에서 빠르게 퇴적된 것으로 보이는 다양한 퇴적 구조가 잘 나타나 있다(Hoffman and Schrag, 2002). 또한 과학자들은 ^{13}C(탄소-13) 함유량이 적은 메탄이 미생물과 상호 작용하면서 탄소 폐기물이 돌로스톤에 녹아들었다고 말한다. 실제로 당시 암석의 탄소 동위원소 조성을 살펴보면 빙하기와 확연한 차이를 보이고 있어(그림 3-12, Bartley and Kah, 2004) 과학자들은 온실 가스인 메탄이 당시 간빙기와 연관이 있다고 추측하였다. 또한 지구 내부에서 다량 배출된 메탄이 그럴듯한 대상이 된 측면도 있다. 그렇지만 메탄을 먹는 미생물이 탄소질 암석에 남아 있다는 지질학적 증거가 없어 이 가설은 아직까지 논란이 되고 있다.

다음은 지질학적인 증거가 풍부한 신원생대Neoproterozoic(10억 년 전~5억 4100만 년 전)에 나타났던 눈덩어리 지구 사건을 살펴보자. 이 시기의 눈덩어리 지구 사건을 설명하기 위한 기작이 여럿 보고되었다. 한 가지 가설은 당시 대륙의 위치에 의한 지구화학적인 변화다. 11억 년 전 이후의 풍부한 지질학적 자료를 배경으로 지구가 여러 대륙판이 모여 하나의 초대륙을 형성했다가 흩어지는 판구조 활동이 있었다고 알려져 있다. 약 10억 년 전 이전(그림 3-13)부터 여러 대륙판이 합쳐지면서 충돌이 일어나 10억 년 전에는 초대륙인 로디니아Rodinia가 만들어져 적도를 중심으로 저위도 지역에 있었다. 로디니아 초대륙을 만들었던 조산운동*을 그렌빌 조산운동Grenville Orogeny이라고 한다. 이 초대륙 로디니아는 7

---

* 대륙판들이 움직이면서 서로 부딪치거나 판 밑으로 들어가는 운동

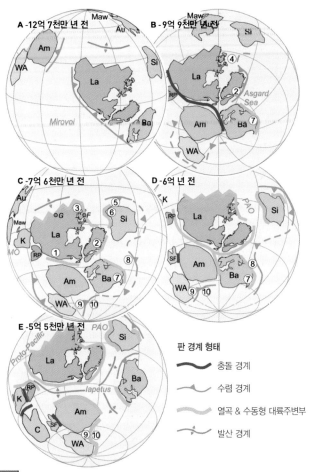

그림 3-13

12억 7000만 년 전부터 5억 5000만 년 전까지 과거 지리 복원.
Am-아마조니아, Au-오스트레일리아, BA-발티카, C-콩고, K -칼라하리, La-로렌티아,
Maw-모슨, RP-리오 데 라 플라타, SF-새오 프란시스코, Si-시베리아, WA-서아프리카,
MO-모잠비크 바다, PAO-고아시아 바다 (출처: Cawood et.al., 2016)

극지과학자가 들려주는 눈덩어리 지구 이야기

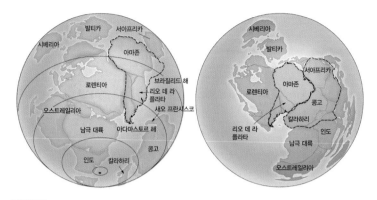

그림 3-14

그림 3-14

7억 5000만 년 전과 5억 7000만 년 전의 지리 형태. (A) 로디니아가 약 10억 년 전에 형성되어 약 7억 5000만 년 전까지 지속된다. (B) 약 5억 7000만 년 전에 로디니아에서 초대륙 파노티아가 형성되지만 곧 분리된다.

억 5000만 년 전부터 갈라지기 시작했다. 분리가 된 대륙판은 일부가 약 6억 4000만 년 전부터 다시 합쳐지기 시작하여 남반구에 거대한 초대륙 곤드와나Gondwana를 만든다(그림 3-14). 곤드와나 생성 초기에 인도, 마다가스카르가 동아프리카와 합쳐진 후, 남아메리카와 아프리카가 합쳐지고, 이어서 남극 대륙과 오스트레일리아가 추가로 5억 3000만 년 전에 합쳐졌다.

그럼 신원생대가 시작하기 전 흩어져 있던 대륙들이 저위도로 모여 초대륙이 만들어진 시기를 생각해보자. 대륙이 갈라져 있는 시기와 초대륙으로 뭉쳐 있을 시기는 풍화되는 정도가 같지 않았을 것이다. 열대 지역에 위치한 초대륙 시기의 지표는 강한 풍화작용*을 겪는다. 이런 풍화작용은 온실가스인 대기 이산화탄소 농도를 점차 줄어들게 하고 고위도 지역의 얼음이 저위도로 확장할 수 있다. 초대륙에 얼음이 확장하면서 알베도가 커지고 강력한 빙하기 즉 눈덩어리 지구 사태를 맞이한다는 시나리오이다. 하지만 이와 다른 견해도 존재한다. 어떤 학자는 적어도 스터티안 빙하기는 초대륙 로디니아의 분리되면서 시작되었다고 보고하였다 (Donnadieu et al., 2004). 각 대륙이 분리되면 뭉쳐있을 때보다 바다와 접하는 면적이 커져 강우가 증가할 것이다. 초대륙 시기 대륙 내부는 매우 건조했을 것이다. 현재 오스트레일리아 대륙을 생각하면 금방 알 수 있다. 오스트레일리아 대륙 내부는 매우 건조한 사막이지만 바다와 접한 지역은 반대로 습도가 높다. 분리된 대륙은 초대륙보다 습도가 높아지면서 오히려 풍화작용이 증가했다. 암석학적인 측면에서도 대륙이 분리되면 풍화되기 쉬운 현무암 암석이 많이 드러난다. 더욱이 이 현무암은 적도 지역의 바람이 불어오는 대륙의 가장자리에 노출되어 심한 풍화작용을 겪게 된다. 증강된 풍화 작용이 대기 이산화탄소 농도를 줄이면서 기온이 낮아지고 얼음이 고위도로부터 확장해 알베도가 증가하고 이에 따라

---

* 암석이 물리적인 또는 화학적인 작용으로 인해 점차 토양으로 변해가는 현상

추위가 확장되는 양의 되먹임 작용[*]이 일어난다는 것은 앞에서 설명한 것과 같은 시나리오다.

　지구 빙하기의 원인을 지구 내부가 아닌 지구 외부의 요인으로 보는 견해도 존재한다. 십억 년에 한 번 정도로 발생하는 태양권 전자기장의 붕괴가 지구에 빙하기를 초래했다는 제안도 있다 (Pavlov et.al., 2005). 태양권 전자기장은 보통 태양 표면의 양자, 헬륨핵, 전자로 만들어진다. 이 전자기장은 여러 가지로 지구에 영향을 줄 수 있다. 그 중에 한 가지는 태양과 지구 거리 내에 또는 그 이상의 거리에도 존재하는 우주 먼지 입자가 지구로 들어오지 못하게 하는 것이다. 그럼 이 전자기장이 붕괴된다면 지구에 어떤 영향을 미칠까? 여러분은 아주 간단하게 답을 내릴 수 있다. 전자기장이라는 우주 방패가 사라졌으니 우주 먼지 입자들이 지구 안으로 들어올 것이다. 대기에 먼지들이 많아지면 태양빛을 차단하는 효과가 커지고 이에 따라 기온 감소로 이어질 것이다. 하지만 이런 기온 감소가 눈덩어리 지구 사건을 초래할 수 있다는 개연성은 부족해 보인다. 우리가 과거 확실한 눈덩어리 지구 사건의 시작점을 다시 살펴보면, 24억 년 전, 7억 2000만 년 전 그리고 6억 5000만 년 전이다. 절대연령의 오차를 고려한다 할지라도 십억 년이라는

---

[*] 어떤 요인이 결과를 만들고 그 결과가 원인에 영향을 주는 작용으로 결과적으로 결과를 상승하는 되먹임은 양의 되먹임이고 결과를 억제하는 되먹임은 음의 되먹임이라고 한다

태양권 전자기장 붕괴 주기와 상당한 차이가 있어 보인다. 그렇지만 이 요인이 어떤 특정 시기의 눈덩어리 지구 사건을 촉발하거나 주된 영향이 될 수 있는 여지는 분명히 존재한다.

최근에 발표된 보고(Macdonald et.al., 2017)에 따르면, 7억 2000만 년 전에 있었던 스터티안 눈덩어리 지구 사건은 대규모 화산 활동과 연관되어 있다고 한다. 현재 미국 알래스카와 캐나다, 그린란드 지역에서 당시 대규모 화산 활동이 발견되는데, 연구자들은 이것이 눈덩어리 지구 사건으로 이어졌을 가능성을 제시한다. 화산 활동으로 빙하기가 올 수 있는 주된 요소는 이산화황을 포함하고 있는 에어로졸(화산재)이다. 대규모 화산 활동은 상당한 양의 분출 물질이 대기로 퍼졌다는 것을 의미한다. 대기로 넓게 퍼진 분출 물질은 태양빛이 지표로 들어오는 것을 막는 방패 역할을 해 지구 기온을 떨어뜨린다. 기온의 하락으로 고위도 빙하의 면적이 넓어지면서 알베도가 커지고 눈덩어리 빙하기가 초래되었다는 것이다.

지금까지 인류가 겪은 큰 화산 활동을 추적해보니 화산 활동과 지구의 기온 하락은 분명하게 연결되어 있었다. 1991년 필리핀 마닐라 북서쪽에 위치한 피나투보 화산이 600년 만에 폭발했는데, 당시 아황산 가스가 2000만 톤 정도 분출된 것으로 추정된다. 이 폭발 사건 이후 약 15개월 동안 지구의 연평균 기온이 약 0.5℃ 떨어진 것이 확인되었고, 그 원인은 이 가스가 성층권에 머물면서 태양빛을 반사하거나 흡수한 결과로 알려지고 있다. 하지만 이런 연구 결과도 논란이 되었다. 왜냐하면 매우 미세한 존재인 에어로졸이 대기에서 쉽게 흩어지고 제거되기 때문에 태양빛을 반사나 흡수시키는 영향이 크지 않을 수 있기 때문이다. 사실 어느 정도 규모의 화산 활동이 눈덩어리 지구 사건을 초래할 수 있는지 알기는 힘들다. 결국 지구 기온을 떨어뜨리는 이런 원인이 어느 정도의 규모로, 얼마나 오랜 시간 지속되어야 강력한 빙하기를 불러올 수 있느냐 하는 것은 아직도 의문이다. 하지만 스터티안 빙하기가 시작되기 전인 8억 2500만 년 전부터 7억 2000만 년 전까지 여러 번에 걸쳐 대규모 현무암 분출이 일어났으며, 가장 마지막 대규모 현무암 분출 사건인 프랭클린 거대 화성암 지대Franklin Large Igneous Province는 적도를 가로지르며 정면으로 분출되었는데, 스터티안 빙하기의 시작과 시기적으로 일치한다.

2 눈덩어리 지구 논란

눈덩어리 지구 가설에 대한 여러 이견이 있지만 과학자들은 차츰 눈덩어리 지구 가설에 긍정적인 생각을 갖게 되었다. 첫 빈째로 당시 거대한 빙하기가 열대 지역을 포함해 해수면까지 확장했다는

삭막한 남극 대륙 (출처: 미국 국립과학재단NSF)

점이다. 물론 아직 구체적인 규모나 범위가 정확하게 어느 정도인
지 파악할 수는 없다. 하지만 당시 빙하기의 증거를 지시하는 퇴적
물이 전 지구적으로 위도를 망라하여 발견되기 때문에 과학자들은
눈덩어리 지구에 상응할 만한 거대한 빙하기의 존재 자체는 충분
히 인식하게 되었다. 과학자들이 당시 대륙의 위치를 재구성하여
현재 빙하기 퇴적물이 나타나는 위치를 추적해보니 그 증거가 적
도 지역 주변에 다수 나타나고 있어 전 지구적인 거대 빙하기를 인
정하지 않을 수 없게 된 것이다. 두 번째로 눈덩어리 지구가 만들

극지과학자가 들려주는 눈덩어리 지구 이야기

어졌다고 생각되는 시기의 탄소 안정동위원소 변화다. 눈덩어리 지구 시기를 기점으로 이전과 이후의 탄소 안정동위원소 층서를 비교해보니 눈덩어리 빙하기 퇴적층에서 탄소 안정동위원소 값이 상대적으로 낮게 나타났다. 지구의 생태계 활동이 낮아질 경우 탄소 동위원소 조성은 상대적으로 낮게 나타날 수 있다. 우리가 삭막한 사막과 같은 거대한 얼음 세상을 상상해보면 쉽게 이해할 수 있다(그림 3-15).

눈덩어리 지구의 강력한 증거들이 다수 제시되었지만, 눈덩어리 지구는 아직도 정설이 아닌 가설로 남아 있다. 일부 지질학적/고기후학적 증거가 눈덩어리 지구를 부정하고 있기 때문이다. 이에 대한 대표적인 것들은 다음과 같다. 첫 번째, 탄소 안정동위원소의 변화는 생명 활동에 의해서 뿐만 아니라 무생물적으로 퇴적물이 속성작용을 받아 변할 수 있다. 두 번째, 완벽한 얼음 세상이라던 당시에 물이 순환하거나 얼음이 녹았던 활동의 증거가 일부 나타났다. 일부 지역적으로 상당 기간 바다가 존재했다고 볼 수 있기 때문에 과학자들이 전 지구적인 눈덩어리 지구에 대해 의문을 갖는 것은 당연하다. 물론 과학자들이 열대 지역에 빙하가 존재했다는 사실을 부인하지 않는다. 논란의 중심은 열대 지역과 해양을 덮고 있는 얼음의 범위와 규모다. 많은 과학자들이 이

> 눈덩어리 지구설은 아직 가설이다. 물 순환이나 해빙 이동의 증거가 일부 존재하기 때문이다.

를 설명할 수 있는 절충안으로 완전한 눈덩어리가 아닌 '진창눈덩어리 지구slushball earth' 또는 '눈덩어리에 가까운 지구near-snowball earth'를 제안하였다. 얼음 덩어리가 떠다니는 남극과 같이 질척한 얼음으로 된 열대의 바다를 상상하면 된다. 당시 빙하기에 대한 범위와 규모를 잘 알 수는 없지만, 일부 바다는 얼어붙지 않고 바닷물이 수면에 드러나 있었다고 생각할 수 있다.

진창눈덩어리 지구 제안 또한 강력한 지지를 받지 못하는 이유들이 있다. 당시 적도에 바다가 있었다면 생태계는 주로 박테리아와 일부 적조나 녹조 같은 진핵생물 등으로 구성될 것이다(표 3-1 참조). 진창눈덩어리 지구 가설을 지지하는 화석 기록에서 그와 같은 화석 기록은 매우 부족하고, 진핵생물의 전체 개체수 뿐만 아니라 개체군 내에서의 다양성이 비정상적으로 낮다. 또한 진창눈덩어리 지구 가설에서 주장하는 대로, 적도의 바다가 일부가 얼음으로 덮이지 않고 남아 있는 상태를 컴퓨터로 모사 실험을 해보면, 이런 바다 상태의 결과를 얻는 것이 매우 어렵다. 여러 가지 컴퓨터 모델에서 적도 지역에 높은 산맥이 존재하는 것을 가정하여도 열대의 바다가 얼음으로 덮이지 않으면 저위도 지역의 바다를 덮은 빙하는 전혀 생성되지 않는 결과가 나온다는 것이다. 눈덩어리 지구 가설에서는 해빙sea ice이 특정 위도에서 생성되기 시작하면 알베도 반사 영향으로 얼음이 적도까지 아무 제한 없이 전개되면서 해양 빙하가 발달한다고 보았다(그림 3 -16). 물론 더욱 정밀한 대기의 상태와 고지리에 대한 자료가 축적된다면, 이러한 논란들이 점차 해소될 것이다(Hoffman et .al., 2017).

눈덩어리 지구 사건이 발생한 시대에 눈덩어리 지구가 최적의 상태로 지속해서 유지되었을까도 의문이다. 다시 말해 눈덩어리 지구라는 빙하기에 일련의 변동이 있었을 수도 있다는 것이다. 실제로 약 6억 5000만 년 전 마리노안Marinoan 빙하기의 퇴적물을 연구한 결과, 일부 학자들은 빙하의 이동이 활발하였고 여러 번의 빙하기가 반복되어 나타나기 때문에 이 빙하기가 단일의 고정된 사건이 아니었고 수리학적 순환이 활발하였다 고 해석하였다 (Leather et al., 2002). 그렇다고 이런 일련의 변동이 지금까지 언급한 초거대 빙하기가 눈덩어리 지구가 아닌 진창눈덩어리 지구였을 것이라고 말할 수는 없다. 사실 스터티안 빙하

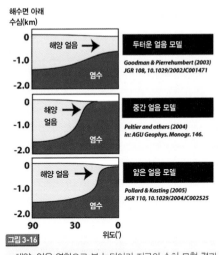

그림3-16
해양–얼음 역학으로 본 눈덩어리 지구의 수치 모형 결과

기도 약 6000만 년 동안 상당히 오래 지속되었는데, 도중 기후변화가 전혀 없었을 것이라는 확실한 연구 결과도 없지만, 그 시기 동안 진창눈덩어리 지구였다고 확신할 만한 강력한 증거들 또한 없는 상황이다. 오히려 빙하기에서 간빙기 혹은 간빙기에서 빙하기로 넘어가는 전환기처럼 아마도 눈덩어리 지구가 생성되는 초기나 눈덩어리 지구에서 온난기로 넘어가는 말기에 진창눈덩어리 지구의 모습은 상상할 수 있을 것이다.

아직까지도 이 신비로운 세상의 존재에 대한 의문과 논란이 지속되고 있으며, 많은 과학자들이 그 실체를 알기 위해 노력하고 있다. 사실 어떻게 눈덩어리 지구가 시작되었는지에 관심이 집중되고 있지만 어떻게 끝났는지에 대한 논란도 앞에서 언급하였다. 눈덩어리 지구가 다시 녹색의 지구로 변하기까지 어떤 일이 벌어졌는지 그 실마리가 일부 연구를 통해 보고되었다. 6억 3600만 년 전에 끝난 마리노안 빙하기를 연구한 영국의 과학자들은 단 한 번의 대변동으로 얼음이 녹아 빙하기가 끝난 것이 아니라 얼음이 지속적으로 후퇴를 하는 과정에서 전진과 후퇴를 반복하며 빙하기가 끝났다고 말한다(Ben et al., 2015). 다시 말해 마리노안 빙하기의 끝은 당시 급격하고 갑작스러운 기후변화에 의한 것이 아니라 빙하기 말기에 오랜 시간 점진적인 기후변화가 지속되어 빙하기가 종말을 맞이했다는 것이다. 이 연구자들은 당시 퇴적암이 존재하

극지과학자가 들려주는 눈덩어리 지구 이야기

는 노르웨이 스발바르 군도에서 대기 이산화탄소의 농도를 복원한 결과, 빙하기 초기에 낮았던 이산화탄소 농도가 빙하기 말기에 수백만 년에 걸쳐 이산화탄소 농도가 서서히 높아졌으며, 그 시기의 퇴적상에서 빙하의 후퇴와 전진이 2만 년 주기로 반복해서 나타났다고 보고했다. 이를 검증하기 위한 컴퓨터 수치 기후 모의시험 결과 그것은 2만 년 주기의 지구 자전축 흔들림과 잘 일치하였다. 2만 년 주기의 지구 자전축의 흔들림으로 인해 태양 복사에너지 양이 변하고 이에 따라 빙하의 후퇴와 전진이 거듭되면서 퇴적물 내에 그러한 기록들이 남았을 것이다. 어쩌면 눈덩어리 빙하기 말기의 모습이 진창눈덩어리 지구의 모습으로 나타날 가능성이 매우 높지 않을까?

3 눈덩어리 지구의 현실적인 증거

눈덩어리 지구 가설은 대부분 고기후학 또는 지질학적 증거에 바탕을 두고 있다. 계속 언급된 이야기이지만, 빙하에 의한 흔적으로 추정되는 암석의 퇴적상과 그 암석이 쌓였던 과거 저위도 위치가 바로 그것이다. 사실 과거 암석의 퇴적상은 현재 퇴적 작용에 따른 지질학적 특징을 기초로 해석된다. 다시 말해 아주 오래된 암석에서 보이는 빙하 흔적의 퇴적 구조와 암상의 특징은 북아메리카와 유럽 대륙의 제4기 지질 연구를 통해 알려졌으며, 현재 극지 환경의 지질학적 연구는 이를 확인할 수 있는 계기가 되었다. 앞에서 언급한 것처럼 눈덩어리 지구의 모습을 가장 극명하게 보여줄 수 있는 영역은 오직 남극 대륙밖에 없어 남극의 지질학적 연구는 눈덩이리 지구를 주장할 수 있는 강력한 현실적 근거가 될 수 있다.

남극 대륙의 중심인 빙상에서 보이는 모습은 흡사 눈덩어리 지구와 다름없을 것이다. 앞서 이야기한 대로 눈덩어리 지구 사건의 증거는 대부분이 암석의 지질학적인 결과에 두고 있기 때문에, 오직 눈과 얼음만 있는 남극 대륙의 중심부에서 눈덩어리 지구와 대조할 수 있는 증거는 전혀 찾아볼 수 없다. 그렇다면 남극 바다로 눈을 돌려야 한다. 일단 수심이 깊은 대륙사면이나 심해저의 경우 판의 소멸로 퇴적층의 연대는 수백만 년을 넘지 못하고 수직적으로 최대 1억 년을 넘기 힘들다. 당연히 수억 년 전의 빙하기 기록은 퇴적물에서 찾아볼 수 없다. 결국 눈덩어리 지구의 암석 증거와 대조할 수 있는 현재 해양의 퇴적 증거는 찾을 수 없다는 것이다. 하지만 남극 환경과 유사한 당시 환경을 고려한다면 현재의 퇴적 현상은 당시 과거를 돌아볼 수 있는 간접 증거가 된다. 극지 해양지질학자들은 기후변화와 관련된 빙하의 움직임에 따라 형성된 육상의 지형과 빙해양(빙하의 영향권에 있는 해양)에서 일어나는 퇴적 현상을 연구한다. 대륙 빙하가 자리 잡고 있는 남극 대륙은 이런 연구를

하기에 매우 적합하지만, 대부분이 얼음으로 덮인 남극 대륙은 육지로 드러난 지역이 많지 않고 하천이 거의 없어 연구 대상으로 삼을 육상 퇴적이 많지 않다. 실제로 현재 빙하 퇴적물을 찾을 수 있는 장소는 대부분 육상 빙하의 영향을 가장 많이 받는 연안이나 대륙붕 지역이다. 육지에서 먼 대륙사면, 대륙대, 심해저 같은 경우 유빙에서 떨어진 유빙운반역이 나타난다(그림 3-2 참조, 62쪽).

적도를 따라 나타나는 과거 다이아믹타이트의 기록은 눈덩어리 지구 사건의 가장 핵심적인 증거다(그림 3-1 참조, 61쪽). 극지 과학자들은 대륙붕 내의 암석인 다이아믹타이트(diamictite, 퇴적암의 한 예로 각진 큰 돌부터 점토까지 혼재하는 암석)와 대조될 수 있는 다이아믹톤(diamicton, 자갈부터 점토까지 다양한 크기의 쇄설물들로 이루어진 육성 기원 퇴적물) 층을 발견하였다. 이 다이아믹톤 층이 나중에 암석으로 고화되면 다이아믹타이트가 된다. 그렇다면 과학자들은 어떻게 대륙붕 내에서 다이아믹톤 층을 찾아낼 수 있었을까? 바다의 퇴적물은 외부적인 교란(예를 들면 지진이나 해수면 변동)이 없으면 시간에 따라 차곡차곡 쌓이면서 두터운 층을 형성한다. 이 퇴적층에 시간적인 의미를 부여하면 최상부층이 가장 최근에 쌓인 퇴적물이고 하부로 내려갈수록

> 적도를 따라 나타나는 과거 다이아믹타이트 기록은 눈덩어리 사건의 핵심 증거다. 극지 대륙붕에서 퇴적 코어를 시추하여 다이아믹톤 층을 발견했고, 이를 통해 눈덩어리 지구설을 보다 잘 입증할 수 있게 되었다. 다이아믹톤 층이 고화되면 바로 다이아믹타이트가 되기 때문이다.

그림 3-17
30cm 피스톤 퇴적물 코어의 스캔 사진(왼편)과 X-선 촬영 이미지(오른편)
(출처: https://www.geotek. co.uk/applications/geo technical-geohazard/)

과거의 산물이다. 이 퇴적층을 획득하는 작업을 해양지질학자들은 시추라고 하며 다양한 시추 방식과 장비를 통해 바다의 퇴적층을 획득할 수 있다.

일반적으로 시추 방식은 크게 중력식, 피스톤식, 드릴식으로 나눌 수 있다. 중력 시추기는 수 m에서 약 20m 이내, 피스톤 시추기는 60~70m 정도, 드릴 시추기는 수천 m 깊이까지 시추가 가능하다(표 3-2). 중력 또는 피스톤 시추기는 플라스틱 재질의 파이프가 들어 있고 드릴 시추기는 청동 파이프가 들어간다. 다양한 시추 방식으로 얻어지는 퇴적물이 담긴 파이프를 실험실로 옮겨 길이 방향으로 반으로

시추기 종류	시추 깊이	기술 난이도
중력 시추기	15m 이내	하
피스톤 시추기	70m 이내	중
드릴 시추기	수백에서 수천 m	상

표 3-2
시추기별 시추 깊이와 기술 난이도

잘라 연다. 그 다음 일정한 길이 모양으로 반으로 열린 퇴적물 표면에서 본을 만든 후 X-선 촬영을 하면 퇴적물 깊이에 따른 퇴적 구조 이미지가 얻어진다(그림 3-17).

여기서 우리가 관심을 갖고 있는 큰 역들이 나타나는 X-선 촬영 사진을 보자. 유빙운반역이나 다이아믹톤 층이 뚜렷하게 검정색으로 나타난다(그림 3-18). 과학자들이 남극 연안이나 대륙붕에 이런 다이아믹톤 층이 존재하는 것을 잘 알고 있지만, 여러 지역에서 이 다이아믹톤 층의 시추 시료를 획득하는데에는 다음과 같은 어려움이 존재한다. 첫 번째로 육지와 가까운 연안으로 시추를 하는 연구선의 접근이 쉽지 않다. 남극 지역에서는 쇄빙선이 두께 3m가 넘는 다년생 해빙이나 빙붕 또는 밀집된 유

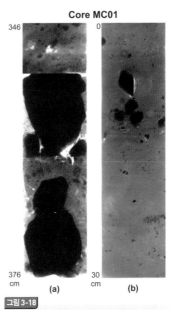

그림 3-18

남극 세종기지 앞 마리안소만에서 획득한 코어 퇴적물(Core MC01)의 X-선 촬영 이미지. 이미지의 가로 폭은 8cm다. 검은색은 코어의 상부(0~30cm 구간) 유빙운 반역(오른쪽)과 하부(346~376cm 구간) 다이아믹톤 층(왼쪽)의 자갈을 나타낸다. (출처: Yoon et al., 2004)

빙을 뚫고 연안 안쪽으로 들어가기가 쉽지 않다. 두 번째로 운좋게 연안 지역으로 접근하더라도 얼음이 떠다니는 바다에서 시추 장비를 운용하기가 쉽지 않다. 몰려있는 얼음 속에서는 바다로 들어가는 시추 장비의 안전이 확보되지 않는다. 마지막으로 대륙붕 내에 쌓인 나이아믹톤 층이 워낙 단단해서 중력 시추기로 뚫고 들어가 시추 퇴적물을 획득하기 쉽지 않다. 물론 드릴식 시추는 가능하지만, 드릴식 시추는 연구선이 한 장소에 장기간 머물러야 하는데, 바다의 해류에 떠다니는 얼음이 시추 장비에 큰 손상을 줄 수 있어 다이아믹톤 층을 획득하기가 쉽지 않다.

이런 어려움에도 해양지질학자들은 빙해양 퇴적물을 얻기 위한 노력을 계속하였다. 과거의 기후변동 역사를 추적하기 좋은 기록들이 남극 퇴적물에 보존되어 있어서 다양한 시도를 통해 퇴적물을 획득하고 있다. 남극 지역에서 유명했던 시추 프로그램을 하나 소개해볼까 한다. 2012년 남극 시추 프로젝트 '앤드릴ANDRILL*'은 독특한 방식으로 빙붕 밑의 퇴적물과 암석을 획득하는 작업을 시도하였다. 이 연구는 바다 위에 떠 있는 200~600m 두께의 빙붕 위에 시추 캠프를 설치하여 빙붕과 그 밑 바다를 관통하는 시추기를 통해 해양 퇴적물과 암석을 얻어 2000만 년에 이르는 과거 기

* ANctartic DRILLing Project의 약어

극지과학자가 들려주는 눈덩어리 지구 이야기

후를 밝히는 것이다(그림
3-19). 이 아이디어는 앞
에서 언급한 떠다니는 유
빙과 해빙의 위험성을 피
할 수 있다. 이 연구의 목
적은 지금보다 지구의 평
균 기온이 4배나 높았던
2000만 년 전의 지구 환
경을 복원하여 심각한 지
구온난화로 발생할 수 있
는 문제와 대비해 보려는
것이다. 여기서 논의되는

그림 3-19
앤드릴 프로젝트의 시추 장면
(출처: http://all-geo.org/highlyallochthonous/
2013/09/talking-andrill/)

눈덩어리 지구 사건과는 크게 관련이 없지만, 빙붕 밑 해양 퇴적물
은 이처럼 지구 환경과 매우 밀접한 관계가 있음을 보여 준다. 앤
드릴 프로그램처럼 남극 퇴적물을 획득하기 위한 다양한 시도들
이 있었고 이를 통해 대륙붕 내에 광범위하게 다이아믹톤 층이 존
재한다는 사실을 알게 되었다. 이런 자료들이 과거 보통의 빙하기
를 비롯해 눈덩어리 지구 사건과 대조할 수 있는 기반을 만들어 주
었다.

여기서 한 가지 짚고 넘어가야 할 문제가 있다. 현재의 남극 대

류 모습과 눈덩어리 지구는 분명 상이한 환경적 특성을 지니고 있다. 우선 눈덩어리 지구는 해양을 비롯해 지구 전체가 얼음으로 덮여 있었다고 가정한다. 하지만 남극 대륙은 바다인 남극해로 둘러싸여 있다. 만약 과거 지구의 모든 영역이 얼음으로 덮여있었던 것이 아니라 일부 지역이 바다를 형성하고 있었다면, 현재의 남극 대륙과 유사한 환경이 아니었을까? 앞에서 언급한 대로 눈덩어리 지구가 최적으로 형성되기 전이나 눈덩어리 지구가 끝나고 간빙기로 접어드는 시점에는 진창눈덩어리 지구가 형성되었을 것이고, 이때에 적도를 따라 바닷길이 일부 열렸을 수도 있다. 그야말로 진창눈덩어리 지구의 적도를 따라 남극 대륙과 같은 유사한 환경이 존재할 수도 있었던 것이다.

현재로부터 가장 가까운 과거의 전 지구적인 빙하기인 마지막 최대 빙하기 동안 남극 대륙에서 빙하와 대륙붕에 어떤 일이 일어났는지 아는 것은 눈덩어리 지구 사건을 조명할 수 있는 좋은 예가 된다. 마지막 최대 빙하기는 지구 기후 역사에서 빙상이 북아메리카와 북유럽, 그리고 아시아까지 넓게 펼쳐졌으며, 오늘날보다 해수면이 약 125m 낮았다. 물론 규모 면에서 이때의 빙하기도 눈덩어리 지구와 비교될 수는 없다. 이 빙하기 말기의 해빙기에 대해 다시 언급하면, 북반구에서는 2만 년 전에, 남극에서는 약 1만 4500년 전에 시작되었는데, 위도에 따라 약간의 시기 차이가 존재

극지과학자가 들려주는 눈덩어리 지구 이야기

한다. 그리고 약 1만 2000년 전부터 현재까지는 앞에서 언급한 대로 홀로세다.

현재 남극 대륙의 대륙붕 수심은 대부분 약 500~600m이며 일부 제한적으로 깊은 수심(1000m 이상)도 존재한다. 이 빙하기 동안 남극 대륙의 주변부는 어떤 환경이었을까? 현재 남극 대륙은 빙상, 빙붕, 해빙, 유빙이 어우러진 세상이다. 빙하기가 찾아오면 남극 대륙의 연안이 추워져 빙하가 커지기 시작한다. 남극 대륙의 대륙붕 탐사를 통해 육상 빙하landed glacier가 최대 대륙붕단까지 전진한 것으로 밝혀졌다. 남극 대륙뿐만 아니라 다른 위도 지역에도 얼음이 많아지면서 바다의 물이 줄어 해수면이 낮아진다. 당시 대륙붕 수심은 현재보다 100m 이상 낮았다. 그러면 이런 육상 빙하가 대륙붕 바깥으로 전진하면서 마지막 최대 빙하기 이전 간빙기에 쌓였던 대륙붕 퇴적물에 어떤 영향을 주었을까? 남극 대륙의 대륙붕에는 현재의 홀로세 퇴적물이 아닌 마지막 최대 빙하기 이전 간빙기 퇴적물이 다이아믹톤 층 위를 덮고 있다. 마지막 최대 빙하기가 시작되면서 육상 빙하가 바다로 전진할 때 대륙붕 해저와 만나게 된다. 이 육상 빙하와 해저가 만나는 부분을 빙하 기저부grounding line라고 하며, 전진하는 빙하 기저부는 빙하기 이전 간빙기에 쌓였던 연약한 퇴적물을 침식해 밀고 나가지만 단단한 역질의 다이아믹톤만은 살아남는다. 그리고 이후 홀로세 간빙기 동

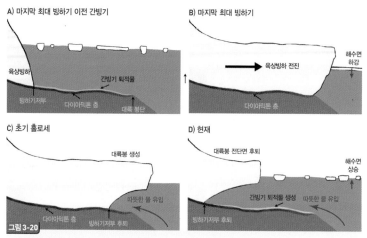

A) 마지막 최대 빙하기 이전 간빙기

육상빙하
빙하기저부
간빙기 퇴적물
다이아믹톤 층
대륙 붕단

B) 마지막 최대 빙하기

해수면 하강
육상빙하 전진
다이아믹톤 층

C) 초기 홀로세

대륙붕 생성
다이아믹톤 층
따뜻한 물 유입
빙하기저부 후퇴

그림 3-20

D) 현재

대륙붕 전단면 후퇴
해수면 상승
간빙기 퇴적물 생성
따뜻한 물 유입
빙하기저부 후퇴

마지막 최대 빙하기 이전부터 현재까지 빙하의 진화 역사

안 다이아믹톤 층 위에 연약한 퇴적물이 쌓인다(그림 3-20).

  일단 눈덩어리 지구에서도 위와 같은 예시를 적용할 수 있다. 마지막 최대 빙하기 동안 남극 대륙의 대륙붕에서 육상 빙하의 전진이 있었다는 증거가 지구물리 탐사에서 다수 발견되는데, 눈덩어리 지구가 형성될 때 열대 대륙붕에서도 당연히 똑같은 일이 발생했을 것이다. 눈덩어리 지구 사건이 발생하기 이전 따뜻한 열대 대륙붕 내에는 연약한 퇴적층이 쌓여있었을 것이다. 눈덩어리 지구로 전개되는 과정에서 지구에 얼음이 많아지면서 점차 해수면은 내려간다. 저위도 열대 대륙까지 빙하가 만들어지고 대륙붕의 수심은 더욱 내려간다. 열대 대륙의 육상 빙하가 커지면서 바다로 전진하여 연약한 퇴적층은 침식시키고 육상 빙하 아래에 붙어 내려온 각진 암석 덩어리와 파편들은 그대로 대륙붕에 남게 된다. 결국 육상 빙하는 최대 대륙붕단까지 전진하는데, 계속 추워지는 지구

빙하기에 육상 빙하가 대륙붕 끝까지 전진하여 빙하에서 옮겨진 암석이 퇴적되어 대륙붕에 다이아믹타이트가 형성된다. 이 다이아믹타이트가 열대 대륙붕에서도 발견되었고, 이는 곧 열대 해안에도 육상 빙하가 존재했다는 걸 말해준다.

에서 대륙붕단보다 더 깊은 수심의 바다에는 해빙이 아닌 두꺼운 해양 빙하sea glacier로 덮인다(그림 3-16). 이 대륙붕의 퇴적물이 암석화되어 최종적으로 다이아믹타이트가 된다. 눈덩어리 지구가 형성되는 과정에서 열대 대륙붕에 다이아믹타이트가 존재한다는 결과에서 한 가지 분명한 사실은 당시 열대 대륙붕에도 육상 빙하가 전진하였다는 것이다.

눈덩어리 지구 사건이 끝나고 해빙기에 들어가면 빙하기의 영향은 저위도에서 고위도로 점차 옮겨간다. 눈덩어리 지구 사건의 종료 이후 열대 지역의 빙해양 환경이 어떻게 바뀌는지 정확하게 알 수는 없다. 큰 그림으로 해빙기의 열대 지역을 추측해보면, 먼저 깊은 수심의 바다에 있었던 해양 빙하가 점차 사라지고 그 다음 육상 빙하가 육지 쪽으로 후퇴할 것이다. 눈덩어리 지구 해빙기의 영향이 서위도에서 고위도로 옮겨지면서 저위도의 빙상도 완진히 사라질 것이다. 우리가 눈여겨보는 크라이오제니아기의 눈덩어리 빙하

기 동안 언제까지 열대 대륙붕에 육상 빙하가 남아 있었는지 정확하게 알 수는 없다. 당시 눈덩어리 지구 증거의 암석이 발견되는 열대 장소들이 상이한 빙해양 환경일 경우 각 지역마다 육상 빙하가 후퇴하는 시기가 서로 다르기 때문이다. 그렇지만 앞에서 언급한 적이 있는 마리노안 빙하기의 종료 이후 해빙기 과정에서 열대 지역에 육상 빙하가 전진과 후퇴를 반복하면서 빙하기가 점진적으로 끝났다는 연구 결과도 있다(Ben et al., 2015). 이런 경우 눈덩어리 지구 사건 이후 저위도 열대 지역의 대륙붕에 상당 기간 육상 빙하가 놓여 있었을 가능성이 크다.

과거 적도에서 발견되는 다이아믹타이트는 지구에 초거대 빙하기가 찾아왔다는 사실을 분명하게 말해주고, 이는 눈덩어리 지구를 지시하며, 남극 대륙의 현재 해양지질학적인 퇴적상이 이를 뒷받침하고 있다. 하지만 지질학적인 증거가 풍부한 신원생대 빙하기에 여전히 의문스러운 부분이 남아 있다. 스터티안 빙하기 시기의 지질학적 퇴적상은 다이아믹타이트와 호상 철광층, 그리고 캡 돌로스톤을 포함하고 있다. 그리고 마리노안 빙하기의 특징은 다이아믹타이트와 캡 돌로스톤을 포함한다. 바로 호상 철광층과 캡 돌로스톤에 여전히 의문을 갖고 있다. 호상 철광층은 해양의 산소와 철 이온이 결합하여 침전되어 만들어진 엽층의 산화철 퇴적층이다. 그리고 캡 돌로스톤은 앞서 말했듯이 탄산염 광물인 돌로마이트로 이루어진 퇴적암이다. 앞에서 언급한 것처럼 이 암석은 눈덩어리 지구에 무언가 변화가 일어나고 있음을 암시하는 증거다. 기존 가설에 따르면, 눈덩어리 지구에서 강력한 온실가스인 메탄이 해양 퇴적층을 뚫고 올라와 미생물에 의해 소모될 때 돌로스톤이 만들어진다는 것이다. 이런 가설은 이 암상에는 탄소-13 함유량이 매우 적었는데, 메탄 역시 탄소-13 함유량이 적다는 사실로 뒷받침된다. 이 가설의 문제는 앞에서 언급했듯이 미생물이 탄소질 암석에 남아 있는 사례가 없다는 것이다. 또한, 일부 연구에서 이 암상의 연대가 빙하기가 끝난 후에 나타났다고 보고하였다 (Zhou et al., 2009). 결국 캡 돌로스톤이나 호상 철광층 모두 눈덩어리 지구에서 만들어진 산물인지 눈덩어리 지구와 관련이 없는 것인지 아직도 논란이다.

여기서 두 암상, 즉 호상 철광층과 돌로스톤은 크라이오제니아기 빙하기 말기 영역에 해당한다. 분명 이 퇴적암들은 눈덩어리 지구의 변화 시기와 연관될 수 있다. 어쩌면 눈덩어리 지구의 종료 이후 해빙기에 접어들면서 지구가 진창눈덩어리 상태일 수도 있다. 당시 해빙기 동안 진창눈덩어리 지구는 남극 대륙과 유사한 환경일 수 있다는 입장을 앞에서 제안한 적이 있다. 그렇다면 과연 크라이오세니아기 빙하기와 대조될 수 있는 층서가 현재 남극 대륙의 대륙붕에 존재할까? 분명한 사실은 남극 대륙의 대륙붕에서 다이아믹톤 층이 발견된다는 것이다. 하지만 남극 대륙 대륙붕 내에 다이아믹톤 위로 캡 돌로스톤으로 생각할만한 퇴적층은 전혀 발견되지 않았다. 현재 남극 대륙 대륙붕 표층의 일반적인 층서를 본다면, 빙하기 다이아믹톤 층 상부가 홀로세 간빙기 퇴적층인데 그 두께는 대부분 1~2m에 불과하다. 이 퇴적층에는 퇴적 구조가 거의 없거나 일부 유빙운반역이 포함되기도 하고 일부 짧은 구간에서 엽층리(퇴적물이나 퇴적암에 나타나는 두께 1cm 이하의 얇은 퇴적구조로 보통 색이나 입자 크기로 인해 나타남)가 나타나기도 한다. 이 퇴적층에서 돌로스톤과 필적할 만한 탄산염의 축적은 발견되지 않았다. 또한 기존의 해양 지질 탐사 결과에서 호상 철광층과 대조될 만한 층도 발견된 적이 없다. 그렇다고 당시 호상 철광층과 캡 돌로스톤이 신원생대 빙하기 산물이 아니라고 말할 수 없다. 사실 남극 대륙과 크라이오제니아기의 층서가 서로 다른 것이 오히려 당연할 수 있다. 우리는 지금 신원생대와 현재 환경을 비교하고 있다. 당시와 현재 대기나 해양, 그리고 육상이 완전히 달랐기 때문에 현재의 현상이 당시와 똑같을 수 없다.

과연 눈덩어리 지구의 이런 단면을 볼 수 있는 중요한 실마리를 남극 대륙에서 찾을 수 없는 것일까? 2013년 우리나라의 쇄빙연구선 아라온호가 남극 웨델해Weddell Sea의 깊숙한 곳에 자리잡은 라슨 C 빙붕Larsen C Ice Shelf에 들어가 해양 시추 퇴적물을 획득하였는데, 놀랍게도 일부 연구들이 크라이오제니아기 빙하기 층서와 대조될 수 있는 결과를 보여 주었다.

남극 북서 웨델해에 위치하는 라슨 빙붕은 긴 남극반도의 육상 빙하와 연결된 바다에 떠 있는 빙하이며, 마지막 최대 빙하기 이후 해빙기에 만들어졌으며, 남극반도 동부 연안을 따라 케이프 롱잉 Cape Longing에서 허스트 섬Hearst Island 남단까지 이어진다(그림 3-21). 이 빙붕은 구획별로 라슨 A, B, C, D, E, F, G까지 명명되며, 현재 지구온난화와 관련하여 관심이 집중되는 지역 중 하나다. 과학계가 라슨 빙붕에 관심을 갖게 된 계기는 1995년 라슨 빙붕 A가 붕괴되고 연이어 2002년 라슨 빙붕 B(얼음 두께 220m, 면적 3250km²)가 붕괴 때문이다(그림 3-21). 또한 2016년 라슨 C 빙붕

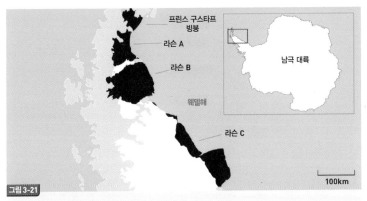

그림 3-21
1960~2008년까지 웨델해 라슨 빙붕 손실 부분(갈색)

에 약 110km에 달하는 기다란 균열이 발생하였고, 2018년에는 일부가 떨어져 나와 2019년에도 웨델해에 머물고 있다. 그 크기가 약 6000km²이니 상당한 양의 얼음이 붕괴된 것이다. 남극반도 패러데이/베르나드스키 기지(Faraday/Vernadsky Station)에서 관측된 대기 연평균 기온 사료 추세를 보면, 1951년부터 2017년까지 평균 약 2℃ 증가하였고, 이것은 전 지구 평균 기온의 추세보다 2배 이상 빠른 것으로 나타났다. 만약 라슨 C 빙붕 전체가 붕괴된다면, 지구 해수면이 약 10cm 정도 상승할 것이라고 하니 이것은 지구 기후 재앙을 이끄는 전조가 될 수도 있다고 기후학자들은 예상한다.

이 지역에서 획득된 해양 시추 퇴적물은 우리나라가 최초라서 우리는 상당한 기대감을 가지고 연구하였다. 사실 라슨 A와 B 빙붕 해역은 다른 선진국(미국, 독일과 영국)에서 어느 정도 연구가 되었고 일부 해양 시추 퇴적물이 획득되어 연구가 진행되었다. 라슨 C 빙붕 해역은 2005년 독일 쇄빙선이 들어간 이후로 선진국들이 계속해서 재진입하기 위해 여러 번 시도하였으나, 환경 조건이 험난해 실패하였다. 쇄빙연구선은 라슨 빙붕에 가기 위해 남아메리카 대륙에 있는 칠레의 최남단 도시 푼타 아레나스에서 출발해야 한다. 연구선이 남극반도를 통과하려면 관문과도 같은 이 도시를 거치지 않을 수 없다. 세상에서 가장 험한 바다 중 하나인 드레이

크 해협을 통과해 세종기
지까지 가려면 기상 조건
에 따라 3~5일 정도 걸
리며, 웨델해의 제임스로
스섬까지 가는데 약 2일
이 소요된다. 문제는 여
기에서 라슨 빙붕 A를 따
라 B까지 들어가는데 하
루밖에 걸리지 않지만,
웨델해의 해빙이 두껍고
밀집돼 있어 쇄빙선이라
도 뚫고 들어가기가 매우
어렵다. 잘못하면 쇄빙선

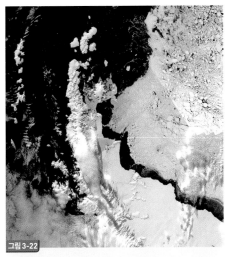

그림 3-22

2013년 4월 21일 아라온호가 라슨 빙붕 A, B, C를 들
어갈 수 있었던 행운의 통로
(출처: http://www.polarview.aq/antarctic)

이 얼음에 갇히는 조난을 당할 수 있어 탐사 결정을 쉽게 할 수 있
는 지역이 아니기 때문이다. 2013년 아라온호가 들어갈 수 있었던
이유는 운 좋게 좁은 통로가 열리면서 가능할 수 있었다(그림
3-22). 여기서 얻어진 시추 퇴적물이 웨델해의 전반적인 과거 해
빙사를 복원할 수 있는 시료이자 지금까지 언급된 눈덩어리 지구
사건의 실질적인 해양지질학적 증거를 보여주는 단서가 될 수도
있어 여러분에게 소개한다.

4 라슨 C 빙붕 시추 퇴적물과 눈덩어리 지구의 연관성

앞에서 언급한 대로 라슨 C 빙붕 시추 퇴적물은 2013년 아라온 호의 지질 탐사를 통해 빙붕단 앞의 대륙붕에서 획득되었다. 먼저 이 시추 퇴적물의 의미를 간단히 생각해 보자. 매우 당연한 이야기 이시만, 이 시추 퇴석물은 이 해역의 지역적인 특징을 보여주는 퇴적 현상을 반영하고 있다. 사실 남극 대륙에서 빙하와 대륙붕은 위도에 따라 다양하게 분포한다. 극지역이라도 기후와 해양의 영향에 따라 빙하의 성장과 후퇴가 달라진다. 또한 남극의 대륙붕은 빙하의 영향과 매우 밀접한데, 그 폭이 넓은 지역도 있고 매우 좁은 지역도 있다. 다시 말하면 남극반도의 각 대륙붕은 서로 다른 빙하 형태의 육상과 연결되어 있어서 그 퇴적 현상이 서로 다르게 나타난다. 즉 웨델해 라슨 C 빙붕에서 일어나는 퇴적 현상은 그 지역의 특징적인 해양과 대기, 빙하의 상호 작용에 의한 결과인 것이다. 결국 웨델해 라슨 C 해역에서 얻어진 시추 코어는 과거에서 현재에 이르기까지 해당 지역의 환경이 변해온 기록을 담고 있다. 비록 한 지역의 기후변화 기록이라 할지라도 과거 전 지구적인 기후변화는 남극 대륙까지 영향을 미쳤기 때문에 그 지역의 시추 코어 기록에도 전 지구적인 기후변화가 포함되어 있다.

라슨 C 빙붕 시추 퇴적물은 대륙붕의 표층에서 획득되었고, 최상부 퇴적물은 당연히 빙하기 이후 간빙기인 홀로세 기간의 기후

변화 기록을 간직한 퇴적물이다. 마지막 최대 빙하기가 끝나고 해빙기가 시작되면서 남극반도에서 대륙붕단까지 전진한 빙하의 기저부 아래로 주변 바닷물보다 따뜻한 바닷물이 들어오면서 빙하 아랫부분을 녹여 빙붕이 만들어지고 시간이 흐르면서 빙붕이 후퇴하고 일부는 붕괴된다. 홀로세 시기에는 육상에서 흘러나오는 쇄설성(물리, 화학적 풍화로 부서진) 입자들이나 빙하 기저부에서 빙하 아래의 녹은 물에서 흘러나오는 부유물질이 다이아믹톤 위에 쌓이게 된다. 앞에서 언급한 것처럼 남극 대륙의 대륙붕에서 퇴적물 아래 다이아믹톤 층을 잘 보여주는 시추 퇴적물은 많이 찾을 수 없다. 하지만 정말 운이 좋게도 이번 시추 퇴적물에서 다이아믹톤 층과 상부의 빙하기 이후 퇴적물이 잘 나타났다(그림 3-23).

이 퇴적물의 퇴적상을 전체적으로 요약하면, 하부의 다이아믹톤 층과 최상부 약간을 제외하곤 대부분의 퇴적물에서는 얇은 층리인 엽층리*가 잘 나타난다. 기존 웨델해 대륙붕에서 얻어진 대다수 표층 퇴적물과 비교해보니 분명 빙하기의 다이아믹톤 층과 간빙기의 엽층리 구조는 웨델해에서 지금까지 한 번도 보고되지 않은 매우 독특한 퇴적상이었다. 기존의 라슨 A와 B 빙붕 해역에서 획득된 시추 퇴적물의 홀로세 퇴적상은 퇴적 구조가 없거나 일부 약간의

* 일반적으로 두께 0.3~1cm의 층리

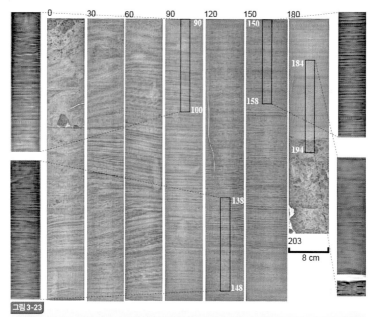

라슨 C 빙붕 앞바다에서 획득한 코어의 X−선 촬영 이미지. 퇴적물 코어의 길이는 203cm이며, 194~203cm 구간에 다이아믹톤 층이 뚜렷하게 존재하고, 상부 20cm 구간을 제외하고 다이아믹톤 층이 존재하는 곳까지 층리 구조가 매우 잘 보인다.

엽층리를 보이는 반면에, 이번 라슨 C 빙붕 해역에서 획득된 것은 간빙기 퇴적물 전반에 걸쳐 잘 발달된 엽층리가 뚜렷하게 나타난다. 또한 라슨 빙붕보다 웨델해 안쪽에 깊숙이 위치한 필크너 빙붕 Filchner Ice Shelf에서 얻어진 대륙붕 시추 퇴적물에서도 이런 두터운 엽층리 구조는 보이지 않는다.

마지막 최대 빙하기 이후 빙붕 아래 다른 대륙붕 지역에서 발견되지 않던 엽층리가 어떻게 나타났을까 하는 의문을 가질 수 있다. 이것은 두 가지 요인이 동시에 성립되어야 가능하다고 여겨진다. 첫 번째로 시추 코어 장소가 빙하 기저부 가까이 위치하고 있고 해당 빙하 기저부가 전진하거나 후퇴하지 않고 안정적으로 유지되어야 한다. 두 번째로 빙하 기저부와 해저면 안쪽에 세립질 퇴적물이 풍부하게 존재해야 한다. 만약 이 두 가지 조건이 동시에 갖추어진다면 어떠한 일이 벌어질까 상상해 보자. 앞에서 언급한 대로 마지막 최대 빙하기 이후 온난해지면서 육상 빙하 하부에 따뜻한 물이 들어와 전진해 있던 빙하의 아래를 녹이며 빙붕이 생성된다. 온난화가 계속 이어지면서 빙하 기저부는 계속 육지 쪽으로 빠르게 후퇴한다. 빙하 기저부가 대륙붕의 육지 쪽으로 깊숙이 후퇴할수록 대륙붕 바깥에서 빙하 기저부 내로 들어오는 따뜻한 물의 영향력이 감소한다. 깊숙한 육지 안쪽의 빙하 기저부는 더 이상 후퇴하지 않은 상태에서 안정적인 위치를 확보한다. 안정화된 빙하 기저부와 달리, 해양의 물리적인 영향력 증가(조석, 해류, 폭풍 등)와 빙붕 아래면이 녹으면서 빙붕이 일부 붕괴하거나 녹아 빙붕단은 육지 안쪽으로 후퇴한다(그림 3-24). 해빙기가 진행될수록 빙붕단이 내륙붕단에서 육지 쪽으로 후퇴하고, 해양의 물리적인 영향력은 후퇴하거나 전진이 거의 없는 빙하 기저부와 해저면 안쪽의 퇴적물을 바깥으로 분출시키는 힘이 된다. 이를 '얼음 펌프 기작ice pump mechanism'이라고도 한다(그림 3-24). 우선 엽층리가 계절적인 영향으로 생성된 것이라고 가정해보자. 겨울에는 웨델해의 빙붕단에서 해빙이 확장하면서 빙하 기저부에 미치는 해양의 물리적인 영향력이 삭아서 빙하 기저부 안쪽의 퇴적물이 바깥으로 분출되는 힘이 작아진다. 반면에 여름에는 빙붕의 해빙이 사라지면 해양 물리력이 빙하 기저부에 미치는 영향이 커진다. 이것은 겨울에 비해 상대적으로 퇴적물을 많이 분출시켜 굵은 쇄설성 퇴적물이 퇴적 분지에 쌓이게 된다. 이런 계절적인 변동은 입자 크기에 따른 엽층리를 만들어낼 수 있다. 지금까지 예를 든 계절 주기 외에도 빙하

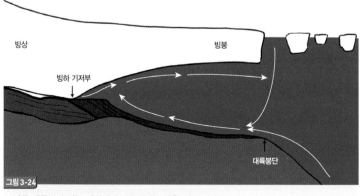

그림 3-24
남극 대륙붕과 빙붕 해역에서 이루어지는 얼음 펌프 기작

극지과학자가 들려주는 눈덩어리 지구 이야기

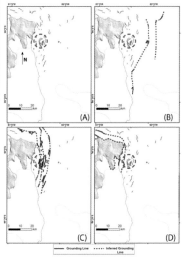

그림 3-25

지구물리탐사 연구로 얻어진 라슨 빙붕 C 의 빙하 기저부 복원. 얇거나 두꺼운 빨간 실선은 전체 빙하 기저부 형태를 지시하고, 갈색 점선은 유추된 빙하 기저부다. A) 2013년 획득된 라슨 C 코어 퇴적물 위치 (빨간 점선) B) 홀로세 초기 후퇴된 빙하 기저부. 시추 코어 위치와 매우 가깝고 이때부터 엽층리가 생성된 것으로 추정. C) 홀로세 후반기 빙하 기저부. D) 현재의 추정 빙하 기저부. (출처: Campo et al., 2017)

기저부와 관련되어 발생하는 엽층리는 여러 조건에 따라 매우 짧게는 조석 주기에서부터 길게는 수년의 주기를 보여 준다.

다시 한번 우리가 얻은 시추 코어 위치를 살펴보면 이 위치는 육지와 매우 가깝다는 것을 알 수 있다. 기존 라슨 빙붕 A와 B 해역에서 연구 발표된 코어 시추 위치는 육지와 가깝지 않다. 우리가 여기서 살펴봐야 할 것은 이 시추 지점 주변에서 빙하 기저부가 어디에 위치하는가이다. 이 해역의 지구물리탐사를 통해 알려진 빙하 기저부는 현재 이 시추 지점과 매우 가깝다(그림 3-25). 그러면 이런 엽층리가 과연 빙하 기저부가 안정된 이후 생성된 것인지를 확인해야 한다. 우리는 다이아믹톤 층과 엽층리 구간의 경계 (192cm)에서 탄소 연대 측정을 실시한 결과 11,577±479년 전임을 알 수 있었다(Subt et al., 2017). 이 연대는 마지막 최대 빙하기가 끝나고 해빙기로 접어드는 시기와 일치한다. 또한 우리의 시추 코어 지점에서 육상 안쪽 빙하 기저부의 시간 변화를 추정해 본 결과 위 연대와 거의 유사하다는 사실을 알 수 있었다(그림 3-25).

지금까지 이 시추 코어의 홀로세 엽층리가 어떻게 형성될 수 있었는지에 대한 연구 결과는 있지만, 사실 빙붕 아래의 얼음 펌프 기작은 아직까지 정확하게 확인된 결과는 아니다. 왜냐하면 이런 엽층리가 빙붕 아래 빙하 기저부 근처에서 발견되는데 이를 확인하기 위해서는 다년간의 해양 모니터링이 필요하다. 문제는 우리가 빙붕 아래 빙하 기저부까지 해양 모니터링 기기나 계류 기기를 넣고 다시 회수할 방법이 없다는 것이다. 하지만 남북극의 수심이 대륙붕에 비해 낮은 연안에 위치한 피오르드 환경에서 바다와 빙하가 만나는 조수 빙하tidewater glacier가 존재하는데, 우리는 얼음 펌프 기작과 유사한 퇴적 현상이 나타나 빙붕 아래에서 벌어지는 현상을 유추할 수 있다(Yoo et al., 2015).

이제 이 시추 퇴적물의 특징이 눈덩어리 지구 사건과 어떻게 대조될 수 있는지 생각해보자. 눈덩어리 지구 사건이 일어난 과거 퇴적상에서 라슨 C 빙붕 해역의 다이아믹톤 층과 엽층리 층의 조합과 대조할 수 있는 대상은 호상 철광층이다. 선캄브리아 시대에 시아노박테리아가 출현하는데, 이 생물이 광합성을 하면서 많은 양의 산소를 대기 중에 발생시킨다. 이 산소와 해양의 철이 결합하여 침전된 결과가 호상 철광층의 기원으로 알려져 있다. 또한 눈덩어리 지구에서 산소가 없고 철 성분이 풍부한 심해의 물이 용승하여 일부 제한된 지역(예를 들어, 열곡 분지, 빙하 피오르드와 움푹 들어간 분지)으로 들어가서 산화철이 침전되어 호상 철광층이 만들어질 수 있다(그림 3-26). 그리고 최근 위의 기작과 다른 철광층의 생성

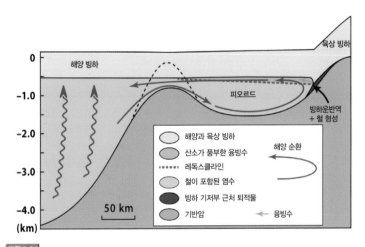

그림 3-26

눈덩어리 지구 상태에서 철광층의 생성 기작. 레독스클라인(redoxcline)은 상부 산소층과 하부 무산소층 사이의 강한 산화–환원 연직 기울기가 나타나는 경계층이나.
(출처: Hoffman et.al., 2017)

원인을 밝힌 연구 결과도 발표되었다. 이 연구 결과(Lechte and Wallace, 2016)는 우리의 연구와 매우 유사한 결과를 보여 준다. 이 연구 결과는 약 7억 200만 년 전 스터티안 빙하기의 호상 철광층(아프리카 나미비아와 오스트레일리아 남부)을 대상으로 연구하였는데, 빙하기 낭시 산성화된 해수와 철 이온이 결합해 침전하면서 빙붕 아래로 스며들어 지형적으로 낮은 분지가 존재하는 곳에 호상 철광층이 집적되었다는 것이다(그림 3-27).

그렇다면 이제 우리의 시추 퇴적물과 대조해서 어느 정도 유사한지 살펴보자. 일단 우리의 엽층리에도 철이 매우 풍부하게 존재한다. 비파괴 X-선 형광분석기로 시추 퇴적물의 철 함량을 조사했는데, 엽층리 모든 구간에서 다른 주원소들에 비해 철 원소가 가장

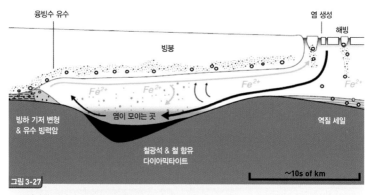

그림 3-27 스터티안 빙하기에 호상 철광층의 형성 과정에 대한 모식도 (출처: Lechte and Wallace, 2016)

극지과학자가 들려주는 눈덩이 지구 이야기

크게 나타났다. 홀로세에 퇴적물이 쌓이면서 시추 코어의 위치는 간빙기에 대부분 빙붕이나 다년생 해빙 아래 놓여있었기 때문에 빙붕 아래의 물은 산소가 거의 없었다. 그리고 이 퇴적물 시추 지역에 탄성파 탐사를 해보니 푹 들어간 분지 형태로 나타났다. 퇴적상에서 보듯 다이아믹톤 층과 엽층리 층이 존재해 앞에서 언급한 스터티안 빙하기 동안 나타나는 퇴적상과 매우 유사하다.

라슨 빙붕 C의 시추 코어에서도 다이아믹톤 층과 엽층리 층이 존재하는데, 스터티안 빙하기에 나타나는 퇴적성과 매우 유사하다. 하지만 아직 지리 환경 등의 차이로 라슨 C 코어의 결과가 스터티안 눈덩어리 퇴적층과 같다고 결론내리기는 이르다.

그렇지만 눈덩어리 지구 환경으로 알려진 스터티안 빙하기의 호상 철광층이 적도에 바닷길이 있는 빙붕 아래에서 생성되었다고 단정하기에는 문제가 있다. 먼저 스터티안 시대와 현재는 전혀 다른 지구 환경이다. 대륙의 위치를 포함해서 지리와 지형이 모두 다르고 대기의 조성이나 해양의 물리적/지화학적 순환 또한 전혀 다르기 때문에 라슨 C 시추 코어에서 나타난 결과가 스터티안 눈덩어리 지구 환경에서 형성된 퇴적상과 일치한다고 볼 수 없다. 그리고 다른 이유로는 스터티안 빙하기에 나타나는 호상 철광층이 당시 적도에서도 제한적으로 나타난다는 사실이다. 이에 대한 보다 깊이 있는 연구는 우리가 풀어야 할 숙제다.

출처: NASA/Clouds AO/SEArch

4장

새로운 미래를 위한 대륙

머지않아 우주는 새로운 기회와 도전의 장이 될 것이다. 과거 눈덩어리 지구는 행성학적인 측면에서 지구 진화의 한 단면이자 태양계 얼음 행성을 이해할 수 있는 기회를 제공할 수 있다. 미래에 닥칠 지 모르는 빙하기와 제2의 우주 터전은 미래 세대를 위해 우리가 준비해야 한다. 신발, 의류 등의 단순한 소재부터 극한지 공학, 거대 지구 공학까지 준비하고 대비해야 할 것이 남극 대륙과 연결돼 있다. 앞으로 남극 대륙에서 청정 에너지를 사용하여 자급자족이 가능한 생활 환경을 마련하고 오염 없는 거주 환경을 만들 수 있다면, 우리는 극한지 시대를 대비해 인류 생존에 기여할 초석을 다질 수 있다. 이런 노하우는 결국 미래 우주 시대의 극한지 환경을 극복하는 중요한 요소가 될 것이다. 사진은 미국 항공우주국의 화성 거주 프로젝트인 '화성 얼음집(Mars Ice Home)'의 개념도.

2014년 개봉한 영화 〈인터스텔라〉에서 지구 종말의 순간 인류는 새로운 정착지를 찾아 우주로 떠난다. 새로운 터전의 후보는 물의 행성과 얼음 행성이다. 인류 생존의 핵심이 바로 물에 있기 때문이다. 얼음 행성은 인류가 살 만한 서식지가 될 수 있을 것이다. 그 답은 바로 도전의 땅인 남극 대륙에서 찾을 수 있지 않을까? 남극에서 독자적으로 생존할 수 있는 기술과 답을 찾을 수 있다면, 외계의 얼음 행성도 인류의 생존 가능한 서식지로서 충분한 대안이 될 수 있다. 외부 도움 없이 독자 생존 가능한 식량과 자원, 소재, 재생 공학, 건축, 자재 공학, 에너지 발전, 극한지 로봇 기술은 차후 한층 더 중요해질 것이다.

극지과학자가 들려주는 눈덩어리 지구 이야기

지금까지 눈덩어리 지구와 현재를 잇는 남극 대륙의 모습에서 여러분은 어떤 느낌을 받게 되었을지 궁금하다. 이 글이 과학적으로 과거와 현재를 넘나들면서 단지 그럴듯한 이야기를 서술한 것에 머문다고 하면 세상의 흥밋거리에 지나지 않을 것이다. 행성학적으로 관심을 갖고 있는 눈덩어리 지구에서 우리가 미래 가치로 추구할 무언가를 찾을 수 있다면, 세상의 흥미를 넘어서는 다른 어떤 것을 볼 수 있지 않을까? 서두에서 언급했듯이 남극 대륙은 그저 환경적으로 지켜야 할 대상만이 아니라 우리는 그곳에서 인류의 희망을 위해 사용될 가치를 적극적으로 찾아야 한다. 앞에서 현재의 남극 대륙이 과거의 눈덩어리 지구를 엿볼 수 있는 유일한 현실 세계라는 것을 알 수 있었다. 이제 지구의 환경 문제라는 관점에서 남극 대륙을 바라보는 것이 아니라 남극 대륙 자체에 대한 의미와 새로운 미래를 향한 기회를 찾기 위해 노력해야 할 시점에 이르렀다.

1 눈덩어리 지구가 실제로 일어난다면?

남극 대륙은 인류가 살기 힘든 극한지다. 하지만 이곳이 언젠가 다가올 지구의 질망직인 미래를 대비할 수 있는 터전이라고 말한다면, 여러분은 쉽게 이해가 가지 않을지도 모르겠다. 왜냐하면 대다수의 우리는 이 극한 지역을 환경적으로 보호해야 할 대상이지 그 이상의 다른 것으로 생각하지 않았기 때문이다. 과거 눈덩어리 지구 사건과 비교할 수 있는 최근의 재난영화로, 서두에서 언급했던 영화 〈투모로우〉와 〈설국열차〉는 우리에게 새로운 지구 환경의 모습을 보여주었다.

두 영화에서 지구가 급격한 빙하기를 맞이한 원인은 서로 다르게 나타난다. 영화 〈투모로우〉는 갑작스러운 기후변화로 빙하기가 찾아오면서 열대를 제외한 북반구 대부분 지역에 눈덩어리 지구 사건과 비슷한 환경이 찾아온다. 다시 말해서 영화 속의 빙하기는 과거 눈덩어리 지구 사건처럼 전 지구적인 양상을 보이지는 않았다. 영화 〈설국열차〉는 이와 다르게 인위적인 요인으로 눈덩어리 사건과 비슷한 전 지구적인 빙하기를 맞이한다는 설정이다. 이 인위적인 요인은 지구온난화를 막기 위해 인류가 벌인 잘못된 지구 공학 기술이다. 인류가 지구온난화 문제를 해결하기 위해 CW-7이라는 기후 조절 물질을 하늘에 대규모로 살포하는데 이로 인해 전 지구적인 빙하기가 찾아오게 된다는 것이 영화의 시작이다.

두 영화의 공통점은 시작이 모두 빙하기이고 그 다음은 인류의 재앙이라는 것이다. 물론 영화 〈투모로우〉와 같이 단기간 내에 갑작스럽게 빙하기를 맞이하는 것은 과거의 기후변화 양상에서 찾아볼 수 없다. 현재와 같은 대륙 구조를 갖춘 이후부터 전 지구적 기후는 짧게는 수백 년에서 길게는 수십만 년의 주기로 온난기와 빙하기가 반복적으로 발생하였다. 북대서양 심층수 순환이 잠시 멈추는 현상이 500년 주기로 나타나는데, 이로 인해 소빙하기가 올 수는 있다. 그리고 머지않은 미래에 눈덩어리 지구는 아닐지언정 300년 전의 소빙하기와 같은 극심한 추위가 도래할 수 있다. 우리가 이에 대한 대비를 묻는다면 앞서도 너무 앞선 뜬구름 잡는 이야기일까?

현재는 우리가 온난화를 걱정해야 하는 세상에 살고 있지만, 우리가 상상의 빙하기에 살고 있다고 가정해 보자. 당장 여름은 짧아지고 매섭고 추운 겨울이 길어질 것이다. 마지막 최대 빙하기와 같은 심각한 빙하기가 찾아온다면 지구 대륙의 약 40%가 얼어붙을 것이다. 물론 이런 상상이 현실과 다르다는 것을 우리는 너무나도 잘 알고 있다. 그럼에도 2018년 1월 미국 중서부에 몰려온 한파는 시사하는 바가 크다. 당시 그곳에 며칠간 기온이 거의 -50℃까지 떨어져 수십 명이 죽고 도시가 마비되었다. 사실 우리가 이런 극심한 겨울 한파를 견딜 수 있는 것은 그 끝이 있다는 것을 알기 때문이다. 그 겨울이 지나면 우리는 봄을 맞이하고 다시 돌아오는 겨울 한파를 준비할 수 있다. 사실 인류의 조상들은 온난기보다 빙하기를 견디는 것이 힘들었다. 대다수 생태계가 빙하기 동안 정체되기 때문이다.

만약 마지막 최대 빙하기가 지구에 다시 도래한다면 가장 심각한 문제는 무엇일까? 바로 식량일 것이다. 만약 빙하기가 영화처럼 곧 도래한다고 생각해보자. 우리는 당장 식량을 확보하기가 쉽지 않을 것이다. 남극 대륙을 예로 들어보면, 여름이 약 3~4 개월 정도이고 대부분이 겨울이다. 여름 한 절 잠시나마 이끼같은 선태류나 지의류를 볼 수 있다. 여기에서 잡목이나 나무는 전혀 찾아볼 수 없다. 육상 동물은 아예 볼 수 없다. 바다에는 고래나 물개, 해표 등이 있지만, 이것도 겨울이 찾아오면 따뜻한 북쪽으로 모두 이동한다. 다시 말해 심각한 빙하기가 찾아온다면, 전 인류가 살아갈 식량 확보는 쉽지 않다는 것이다. 그렇다면 열대 지방에서 식량을 확보하는 것은 가능할까? 이 또한 쉽지 않을 것이다. 열대 육지는 지구 대륙의 매우 작은 부분만을 차지하고 있기 때문이다. 또한 열대우림은 대기에 산소를 공급하는 지구의 심장과도 같아 식량 확보를 위해 개간을 할 수 없다. 당연히 전 지구적인 식량 확보는 상당히 어려울 것이다. 결국 빙하기는 인류의 희생을 요구하는 시기일 수밖에 없게 될 것이다.

빙하기가 다시 찾아온다면 인류는 큰 식량 위기를 맞게 된다. 현재 남극 대륙에서 육상 동물은 물론 식물도 거의 자라지 않는 것을 보면 알 수 있다. 그렇다고 열대우림을 개간할 수도 없다. 그곳은 대기에 산소를 공급하는 지구의 허파이기 때문이다.

2 기회의 땅, 남극 대륙

이런 시나리오를 듣고도 여러분은 결코 동요도 걱정도 하지 않을 것이다. 우리는 현재 빙하기가 아닌 시대에 살고 있기 때문이다. 저자는 미래 세대를 준비하자는 것이다. 저자는 빙하기 시대를 준비할 수 있는 유일한 장소는 남극 대륙이라고 생각한다. 남극 대륙은 지구 환경을 위해 지켜야 할 장소가 분명하지만, 빙하기를 대비할 수 있는 기회의 땅이기도 하기 때문이다.

저자는 2018년 장보고과학기지에서 대장으로 일 년 동안 근무한 적이 있다. 당연히 그곳에서 생존에 필수적인 요소는 의식주 모두를 포함한다. 그 중에서 가장 어려운 것이 무엇이냐고 묻는다면 물론 먹거리다. 대부분의 음식은 국내에서 보급할 수 있는 아라온호와 뉴질랜드 수송기를 통해 공급받는다. 항공기 수송은 남극 해빙이 두꺼운 10월부터 12월까지 가능하고, 해빙이 얇아지면 쇄빙선이 기지 안까지 들어갈 수 있는 3월까지는 가능하다. 결국 10월부터 3월까지 약 5개월간 기지에 먹거리든 물품이든 수송이 가능한 것이다. 3월 이후부터 겨울이 다가오면서 점차 바다가 얼고 극야로 들어서면 항공기든 쇄빙선이든 기지 보급은 거의 불가능해진다. 그래서 17명의 남극 월동대을 위한 모든 식자재와 보급품이 보통 2월 말 늦어도 3월에 공급되고, 그것으로 10월까지 생존해야 한다. 쌀, 고기, 반찬, 생선, 과자, 과일, 채소 등 월동 기간에 필요한 많은 먹거리가 기지에 보급되는데, 기지 내에 냉장고와 냉동고가 있는데도 가장 염려되는 것이 채소와 과일이다. 이것들은 쉽게 상하고 보관 기간이 길지 않다. 7월이면 보급 채소는 거의 남질 않는데, 시간이 갈수록 먹는 것보다 상해서 버리는 것이 많아진다. 과일 또한 8월이면 기지에서 구경을 할 수 없다. 물론 기지 온실에서 키우는 일부 채소가 그나마 대원들에게 큰 위안이 된다(그림 4-1). 그리고 기지 보온을 위해 중요한 발전 시설이나 먹을 물을 만드는 해수 담수화 설비는 유지 관리에 특히 신경 쓴다. 보통 -30℃까지 내려가는 극야의 겨울은 혹독하고 외부와 단절돼 있어 기지 시설의 원활한 유지는 월동대의 생존에 절대적이다. 모든 대원들의 희망은 곧 돌아올 여름이다. 10월이 되어 여름이 다시 오면 월동을 거치면서 노후된 장비나 시설을 고치고 무엇보다도 보급이 원활해

그림 4-1

남극 장보고과학기지의 온실과 수확. 대원들이 일주일에 한 번씩 온실에서 채소를 수확한다.

극지과학자가 들려주는 눈덩어리 지구 이야기

져 채소와 과일도 풍부해지기 때문이다.

　여기서 우리는 남극 대륙의 거의 모든 기지는 자급자족이 불가능한 임시 거처임을 알 수 있다. 현대의 최첨단 기술을 이용해서 극한 상황을 견딜 수 있는 주거 공간이나 의복, 동절기 장비가 이용되고 있지만, 아직 남극의 혹독한 환경을 극복하지 못하고 있기 때문이다. -20~-30℃의 날씨와 초속 20m를 넘는 강풍 앞에서 모든 운송 수단은 무기력할 수밖에 없다. 모든 의복과 신발(설상화)은 두껍고 무거워서 추운 바깥에서 작업하려면 거추장스럽기만 하다. 센 바람이라도 불면 호흡조차 힘들다. 결국 겨울이 오면 남극의 모든 기지는 월동 상태로 접어들 수밖에 없다. 대부분의 기지는 굳이 이를 극복하려고 하지 않는다. 앞에서 말한 것처럼 여름이 오면 모든 것이 해결되기 때문이다. 그래서 우리는 이런 장애를 극복할 공학 기술을 개발하기 위해 크게 노력하지 않는다. 물론 현재에 살고 있는 우리는 빙하기와 너무 동떨어져 있고 극히 일부 지역 문제(한대 또는 극지)이기 때문에 이런 극한지 공학 기술은 산업적으로나 경제적으로나 가치가 그리 크지 않다고 할 수 있다. 즉 현재 우리가 극한지 공학 기술을 전혀 연구하지 않는 것은 아니지만, 다른 기술에 비해 소홀히 대하고 있다는 이야기다. 1988년 남극반도에 세종기지가 세워지고 2004년 극지연구소가 설립된 후 지금까지 삼십여 년 동안 남극 환경 연구를 통해 지구 환경 보존의 중요성을 사람들에게 전하는 일에 집중하였다. 여기서 말하고 싶은 것은 우리나라의 극지 연구는 분명 성공적인 길을 걸어왔으며 단지 지금 새로운 기회를 찾기 위한 모색이 필요하다는 것이다. 다행스럽게도 극지연구소는 극한지 공학 기술에 대한 중요성을 인식하고 이에 대한 준비를 진행하고 있다.

우리는 미래의 소빙하기를 고려해서 극한지 공학 기술이 결코 등한시 될 수 없는 이유를 말할 수 있다. 앞에서 언급한 것처럼 500년 주기의 소빙하기가 존재하는데, 가까운 과거에 소빙하기가 있었으니 온난화가 멈추며 곧 소빙하기가 올 수도 있는 것이다. 이의견은 인위적인 영향에 따른 지구온난화 현상을 제외하고 자연적인 지구 환경의 입장이다. 소빙하기가 올 경우 어떻게 될까? 지난 소빙하기에 혹독한 겨울은 덤이고 계절이 불규칙해져 곡식 생산이 어려워 많은 사람들이 희생되었다. 당시 평균 기온이 오늘날보다 약 $0.5 \sim 1.0\,^{\circ}\mathrm{C}$ 정도 낮았고, 한 가지 분명한 사실은 지금보다 심각한 겨울 한파를 예상할 수 있다는 것이다. 겨울 북반구의 한대 지방이나 북미 중서부 지역이 한파나 대설로 도시 기능이 마비되었다는 뉴스를 접했을 것이다. 또한 수백 명의 인명 피해도 뒤따른다. 만약 대설 기간이나 겨울 한파가 오래 지속되

소빙하기는 평균 기온이 오늘날에 비해 단지 1℃ 정도 낮았지만, 농사가 어려워 많은 사람들이 굶었다. 오늘날의 한파나 대설이 상당기간 지속된다면 문제는 심각할 것이다. 그때는 극한지 공학 기술이 필요하고, 남극 대륙은 그런 기술을 준비할 좋은 시험대다.

극지과학자가 들려주는 눈덩어리 지구 이야기

면 교통수단이 마비되고 난방이 끊기거나 식수가 중단될 수 있다. 이런 문제는 현재의 임시방편적인 방법으로는 해결할 수 없다. 지금의 단편적인 한파는 지나가면 그만이지만, 소빙하기에 발생할 장기적인 한파는 그저 단순하게 기다린다고 해결되지 않는다. 바로 우리가 다양한 방면의 극한지 공학 기술을 개발하여 준비해야 하는 이유이다. 여기 남극 대륙은 너무나도 훌륭한 극한지 공학 기술의 시험대라고 강조하고 싶다. 여기서 살아난 기술은 어떤 혹독한 환경에서도 이용될 수 있다고 감히 말할 수 있다.

그 시험대로 장보고과학기지를 예로 들어보자. 우리 기지의 난방과 발전은 외부에서 공급된 기름을 이용한다. 저자가 2018년에 월동했던 장보고과학기지는 총면적 4,458m²로 주요 시설은 본관동, 발전동, 중장비동이고 나머지는 십여 개 이상의 조그만 관측동과 보관동으로 구성되어있다. 특히 주요 시설은 -40℃의 기온과 초속 65m의 강풍에도 견딜 수 있도록 설계되었으며, 발전 에너지는 주로 기름(약 80%)과 태양광(약 20%)으로 충당된다. 극야인 겨울철 기간은 아예 태양광 에너지를 생산할 수 없어 온전히 기름만 사용해야 한다. 기지 설립 이후 발전기가 돌기 시작하면서 지금까지 발전이 중단된 적이 없다. 만약 며칠이라도 기지에 발전이 중단되면 월동내원들의 생활 공간인 본관동과 시시 심장과도 같은 발전동에 연결된 외부 배관이 모두 얼어 기지의 모든 기능을 상실할 수 있다. 아라온호를 통해 기름이 지속적으로 공급되지 않으면, 기지는 당연히 제대로 유지될 수 없다. 기본적으로 기지의 주된 임무는 남극 과학 활동을 지원하는 것이지만, 기지는 남극에 거주하는 사람들, 즉 월동대원들이 살아가는 공간이라고 할 수 있다. 문명과 동떨어진 극한 지역에서 기름 공급 없이도 에너지를 확보할 수 있는 방법은 없는 것일까?

이 문제를 극복할 수 있는 한 가지는 외부 공급 없이도 극한 지역의 자원을 이용하여 에너지를 확보하는 것이다. 요즘 무공해 청정에너지로 꼽히는 수소는 하나의 대안일 수 있다. 세상이 빙하기를 맞이한다면, 무궁무진한 요소는 당연 얼음일 것이다. 일단 수소에서 물과 전기를 생산할 수 있다. 문제는 물이나 얼음에서 수소를 만드는 과정에서 대량의 전기가 필요하고 이때 오염 물질이 방출된다는 점이다. 이 때문에 수소에너지에 대한 무용론이 제기되기도 했다. 물론 오염 없이 태양광이나 촉매 반응을 이용해 물에서 수소와 산소를 얻을 수 있지만 효율이 떨어진다. 여기서 우리는 친환경 수소에너지를 개발해서 자립적인 기지 운영이 가능하도록 무엇이 필요하고 무엇이 요구되는지 자세하게 제시할 수는 없지만, 우리의 장보고과학기지가 곧 이런 문제 극복의 실험장이 될 수 있다는 사실은 확신한다.

또한 소빙하기를 맞이한 세상에서 우리는 어떻게 먹거리를 해결

극지과학자가 들려주는 눈덩어리 지구 이야기

해야 할까? 영화 〈설국열차〉에서 우리가 무관심하게 지나쳤을 수 있는 특별한 장면이 있다. 영화에서는 열차 칸마다 특별한 방들이 존재한다. 가장 하층민이 존재하는 꼬리칸부터 지배자가 차지하고 있는 선두칸까지 열차는 인류의 삶을 대표하는 칸들로 나누어져 있다. 이들 중 본 장과 관련하여 흥미를 끄는 것은 바로 온실이 있는 열차칸이었다. 그곳에는 이름 모를 과실수(오렌지?)와 온갖 채소를 기르고 있었다. 물론 적합한 온실에서는 가능하지만, 빙하기에 자원이 한정된 열차 안에서 과연 이것은 가능할까? 아니 그러한 혹독한 조건에서도 온갖 채소와 과실수를 기를 수 있는 기술들이 마련되어 있었다고 긍정적으로 생각하는 것이 나을지도 모른다.

이와 대비해서 장보고과학기지에 있는 자그마한 온실을 여러분에게 이미 소개하였다. 앞에서 언급했듯이 우리 월동대는 2월 말 또는 3월 초에 마지막으로 채소와 과일을 공급받는데, 채소는 짧게는 1개월에서 최대 4개월까지 보관할 수 있고 과일은 사과와 오렌지를 제외하고 3개월이면 썩어서 그 전에 월동대원들이 다 소비해야 한다. 결국 대원들의 입맛을 책임질 수 있는 신선 식품은 온전히 기지의 온실을 얼마나 잘 유지하느냐에 달려있다. 작은 공간이라 17명의 월동대원들이 신선하게 먹을 수 있는 채소는 고추, 파, 피망, 치커리, 쑥갓, 상추, 중국 배추 등으로 매우 세한적이다. 이 외에 다른 다양한 채소나 야채는 시도해본 적이 없다. 더욱이 과실수는 아예 꿈도 꾸지 못한다. 식물학자들이 극한 상황에서 각종 채소와 열매, 씨앗을 받아 지속적으로 공급할 수 있는 방안을 마련한다면, 기지의 음식은 냉동 식품이 아닌 신선 식품으로 꾸밀 수 있을 것이다. 특히 과실수를 키우는 일은 채소보다 한층 더 어렵다. 하지만 현재 식물학자들은 이런 극한지 상황을 고려해서 과실수를 키우는 실험을 굳이 하지 않을 것이다. 현재 지구에는 효율성 높은 산지가 널려 있기 때문이다.

이 외에도 극한지에서 살아가는데 필요한 피복이나 중장비 시설에도 특별한 기능이 포함되어야 한다. -30℃의 기온과 거센 바람은 아무리 따뜻한 방한복도 수십 분 이상 버티기 힘들다. 또한 춥고 어두운 극야 기간에는 중장비 운용이 불가능하다. 결국 이런 상황에서 기지 바깥 외부 시설에 문제가 생기면 어떻게 손을 써볼 수 없는 상태가 된다. 이렇게 극야의 겨울 동안 월동대원들이 본관동에서 동면과 같은 상태로 지내야 하는 것이 당연한 일일까? 우리가 극한지에서 완벽하게 자연의 힘을 이겨낼 수는 없지만, 보다 적극적인 의지만 있다면 이런 환경에서도 우리가 할 수 있는 일이 한층 많아져 어려운 상황을 헤쳐나가기 쉬워진다. 우리가 동면처럼 수동적인 자세를 취하는 한 우리가 얻을 수 있는 것은 아무것도 없다. 이에 대해 우리는 남극 대륙에서 무엇을 할 수 있는지 한번 알아보자.

3 도전의 땅, 남극 대륙

앞에서 남극 대륙이 기회의 땅임을 언급했음에도 우리는 여전히 남극 대륙의 중요성을 찾아보지 못했다. 계속 지적한 바대로 아직까지 우리의 삶에 직접적으로 요구되지 않거나 급하게 필요하지 않은 부분들이 너무나도 많기 때문이다. 이번에는 남극 대륙이 기회의 땅을 넘어 도전의 땅임을 언급하려고 한다.

이 도전이란 단어는 남극 대륙에 관한 다큐멘터리에서 너무나도 익숙하게 들었을 것이다. 여기에 극한 탐험과 탐사를 말하는 현실적인 도전이 아닌 미래적인 의미를 부여해보자. 언제가 될지 확신할 수는 없지만, 미래에 빙하기와 같은 상황은 지구가 살아있는 한 분명히 도래한다. 어쩌면 지금부터 과학자들이 눈덩어리 지구에 관심갖고 연구하여 빙하기 지구 행성에 대한 의문들이 하나씩 풀리면, 인류는 미래에 닥칠 빙하기를 잘 헤쳐나갈지도 모른다. 마치 현재 지구온난화가 지구에 어떠한 영향을 줄 것인지 알기 위해 현재보다 5℃ 정도 높았던 에오세 중기 온난기나 극열기에 관심을 갖고 있는 것처럼 말이다.

하지만 현실적으로 가까운 미래에 소빙하기나 거대 빙하기가 지구에 도래할지 확신할 수는 없다. 현재 지속가능한 기후 문제는 지구온난화이고 인류의 환경 파괴가 계속되면서 온난기가 시속될 가능성이 높기 때문이다. 오히려 기후 문제를 떠나 우주 시대를 맞이

영화 〈인터스텔라〉의 한 장면. 새로운 터전으로 눈덩어리 행성을 찾아간다.

할 미래에 남극 대륙이 어떤 가치를 지니고 있고, 이에 우리는 남극에서 무엇을 준비할 수 있는지 생각해보자.

지난 2014년 개봉되어 큰 인기를 끌었던 영화 〈인터스텔라〉는 현재 지구가 당면한 문제를 적나라하게 드러냈다(그림 4-2). 이 영화의 시작은 현재로부터 그리 머지않은 미래다. 미래 지구의 현실은 너무나도 참혹하다. 이상기후로 농작물이 하나둘씩 멸종하자 인류는 식량 부족에 처한다. 더군다나 지구의 대기는 산소가 아닌 질소로 차츰 바뀌면서 종말의 순간에 다가간다. 결국 영화는 인류의 구원을 위해 지구가 아닌 새로운 터전을 찾아 우주로 떠나는 이야기를 담고 있다.

저자가 관심을 가진 것은 이 새로운 터전을 보여주는 두 후보지 행성이다. 하나는 물의 행성이고 다른 하나는 얼음의 행성이다. 왜 두 행성이 후보지가 되었을까. 먼저 인류가 살아가는데 필요한 가장 원초적인 요소들이 있는데, 핵심은 바로 물이기 때문이다. 물은 산소와 수소로 분해할 수 있는데, 산소는 생명체 호흡에, 수소는 에너지로 사용할 수 있다. 저자가 이 영화를 보면서 상당히 실망한 부분은 두 행성 모두를 인간이 살기에 적합하지 않은 행성으로 묘사하고 마지막으로 지구와 유사한 행성을 찾아가는 것으로 결론을 맺고 있다는 점이다.

지금도 우리는 지구 바깥 우주 저 너머로 끝없이 펼쳐진 암흑의 공간을 바라보며 지구와 유사한 환경의 행성을 찾고 있다. 2018년 미국 항공우주국NASA에서 발표한 지구와 유사한 환경의 행성은 지구에서 약 500광년 떨어진 '케플러-186f'이다. 빛의 속도로 날아 이곳에 도착한다고 해도 약 500년이 걸린다고 한다. 영화 〈인터스텔라〉에서 환상의 공간으로 묘사된 진짜 '웜홀'이 있어야만 우리의 은하계를 통과해 도달할 수 있을 것이다.

사실 영화에서 이런 극적인 내용보다 관심을 갖고 보았던 장면은 얼음 행성의 모습이다. 물의 행성에 비해 지반이 있어 주거지 건설이 용이하다는 장점이 있었지만, 그 외에 마치 삭막한 사막과도 같은 모습에 인류가 살 수 없는 장소로 여겨질 수 있다. 그 혹독한 환경은 남극 대륙의 모습과 닮았고 과거 눈덩어리 지구와도 유사하다. 물론 영화처럼 웜홀이 있어 자유롭게 은하계를 건너 다닐 수 있다면, 지구와 유사한 행성이 그곳처럼 답이 될 것이다. 하지만 현실적인 대안은 웜홀이 아니라 개척에 있지 않을까? 영화에서 인류가 지구의 대안을 찾을 때 이런 혹독한 환경을 개척할 수 있는 기술을 가지고 있었다면 아마도 얼음 행성은 역설적으로 인류가 살만한 서식지가 될 수 있을 것이다.

이에 대한 답은 바로 도전의 땅인 남극 대륙에서 찾을 수 있지 않을까? 여기 혹독한 환경에서 인류는 기지를 지어 삶의 터전처럼 살아가고 있다. 남극에서 독자적으로 생존할 수 있는 기술과 답을 찾을 수 있다면, 외계의 얼음 행성도 인류의 생존가능한 서식지로 충분한 대안이 될 수 있다. 다만 지금까지 우리는 개척을 위한 노력을 하지 않았을 뿐이다. 외부의 도움 없이 독자 생존 가능한 식량과 자원, 소재, 재생공학, 건축과 자재 공학, 에너지 발전, 그리고 극한지 로봇은 차후 중요한 기술이 될 수 있다.

빙하기 재난으로 인류의 고립을 강조한 영화 〈설국열차〉에서 열차는 살아남은 사람들의 어쩔 수 없는 동면의 공간이었다. 마지막에 주인공이 처음으로 열차를 벗어나 빙하기가 끝난 것을 암시하는 곰을 보았을 때 우리는 과연 이것을 진정한 희망이라고 해야 할

극지과학자가 들려주는 눈덩어리 지구 이야기

까? 오히려 거대한 빙하기에도 인류의 삶이 여전히 유지될 수 있는 시스템이 구축되었다면, 그런 환경에서도 열차는 지금과 똑같은 교통수단의 역할을 담당하고 있을 것이다.

영화 〈인터스텔라〉처럼 먼 우주로 갈 것 없이 우리 태양계에도 얼음 행성이 존재한다. 마치 과거 눈덩어리 지구처럼 보이는 유로파Europa가 바로 그곳이다(그림 4-3). 유로파는 목성의 위성 중 하나로 크기는 지구의 달과 비슷하고 무엇보다도 얼음 바다로 덮여 있다. 아직 신비에 싸인 곳으로 학계가 주목하는 부분은 이곳 내부에 화산이 활동하고 있어 얼음 아래에 물이 존재하느냐의 여부다. 물의 존재 여부는 생명체 발견을 위한 기본적인 조건이기 때

그림 4-3
목성의 위성인 유로파에서 수증기가 분출하는 가상 그림 (출처: sputniknews.com)

문이다.

또한 목성의 다른 위성, 가니메데Ganymede는 얼음과 암석이 거의 동등한 비율을 차지하고 있어 더욱 관심을 가져볼 만하다. 이런 생각을 저자만 한 것은 아닌가보다. 저자가 인터넷을 검색하면서 매우 흥미로운 우리나라의 보드게임을 발견했는데, 2018년에 출시된 보드게임 '가니메데'다. 이 게임의 테마는 우주를 배경으로 하고 있으며 지구로부터 화성을 거쳐 앞에서 언급한 가니메데로 인류를 이주시키는 게임이다. 이 게임을 기획한 분은 과학자가 아니지만, 우리가 접근 가능한 현실적인 미래 대안을 상상했다는 점에서 참으로 대단하다.

말이 나온 김에 화성에 대해 생각해보자. 화성이 인류 우주 거주 계획의 가장 현실성 있는 대안으로 떠오르고 있는 것은 누구나 잘 아는 사실이다. 네덜란드의 비영리단체인 마스원Mars One은 2013년 화성 정착 프로젝트를 기획하여 실행 중이고, 미국의 항공우주국에서는 2030년까지 인간

화성의 극지에 거대한 빙하가 발견되면서 화성 거주를 위한 다양한 시도가 계획, 실행되고 있다. 인류 이주 계획이나 자급자족 도시 건설을 목표로 '마스원' 등의 프로젝트가 진행 중이다.

을 화성으로 이주시킨다는 '백년 우주선The Hundred Years Starship 프로젝트'를 추진하고 있다. 민간 계획으로는 스페이스 X의 화성 도시건설 계획이 유명한데, 화성에 완전 자급자족 가능한 도시를 건립하는 것을 목표로, 지금으로부터 약 40년 후를 내다보고 있다.

아예 더 나아가 어떤 과학자들은 지구 공학 기술을 이용해 화성의 대기를 지구처럼 바꾸고 현재 -62.8℃인 기온을 지구의 겨울 날씨 정도로 상승시키고 사막과 같은 지형에 강과 물을 채우고 식물을 자랄 수 있게 만들자고 제안하였다.

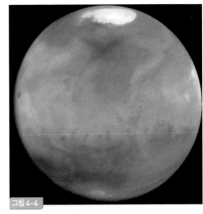

그림 4-4
화성의 북극에서 관찰되는 얼음 빙하
(출처: 미국 항공우주국NASA)

어찌 되었건 이런 모험이 가능한 것은 화성에 얼음이 있기 때문이다. 2004년부터 2010년까지 유럽우주기구ESA의 마스 익스프레스 탐사선은 화성의 북극을 관측하면서, 얼음으로 만들어진 거대한 빙하가 존재한다는 사실을 알게 되었다(그림 4-4). 삭막한 사막이라고 생각한 화성에도 인류 생존의 기본 요소가 존재하는 것이다. 또한 화성의 동토층 밑에 물이 숨겨져 있다고 하니 인류 거주의 가장 기본적인 조건은 충족된 셈이다.

더 멀리 갈 것도 없이 달의 남북극에도 얼음이 존재하는 사실이 최근 연구에서 확실하게 밝혀졌다. 2008년 달에서 물의 존재는 드러났지만 명확한 증거는 2018년에 미국 항공우주국에서 제시되었

그림 4-5

달 극지에 얼음이 대량 확인된 사진(왼쪽-남극, 오른쪽-북극) (출처: 미국 항공우주국NASA)

다(그림 4-5). 달 표면에는 다양한 크기의 분화구가 많이 존재한다. 미국 하와이의 지구물리/행성학 연구소 연구팀은 극지 주변 깊숙한 분화구에 태양빛이 전혀 도달하지 못하는 영구 음영 지역이 존재하고 이곳에 얼음이 존재한다는 것을 밝혔다. 특히 달의 북극보다 남극의 비슷한 지역은 -163℃ 정도이니 얼음이 녹는 일은 절대 없을 것이다. 이 연구는 달 식민지 건설의 경제성을 한 단계 높일 수 있다고 말한다. 달에 물을 가져가지 않아도 되고 동토층에서 얼음을 채굴할 필요 없이 지표면에서 쉽게 구할 수 있기 때문이다. 과학자들은 화성 거주 계획에서 달을 전초 기지의 역할로 보고 있으며, 미래 화성 거주 계획의 적합성을 시험해볼 수 있는 테스트베드로 생각하고 있다.

극지과학자가 들려주는 눈덩어리 지구 이야기

하지만 왜 굳이 위험을 감수하고 달에서 그러한 실험을 해야할까? 남극 대륙은 앞의 문제를 해결할 수 있는 혹독한 조건들을 갖고 있다. 우리가 달이든 화성이든 정착촌을 건설하려면 여기서 가져간 물자를 최대한 재활용하거나 거기서 찾을 수 있는 자원을 활용해 만들어야 한다. 이미 선진국들은 행성에서 자급자족이 가능한 기술과 방법들을 연구하고 있다. 남극 대륙은 아주 가까이 다가온 미래 우주 시대를 대비할 수 있는 훌륭한 테스트베드 역할을 담당할 수 있다.

그림 4-6

독일 브레멘의 독일 항공우주센터에서 개발한 온실 (출처: 독일 항공우주센터DLR)

그림 4-7

남극에서 실험 중인 EDEN ISS 온실 (출처: 유럽우주기구ESA)

실제로 독일 브레멘의 독일 항공우주센터에서 잠재적인 화성 거주를 위한 온실을 개발하였으며, 그 첫 번째 온실을 남극으로 옮겨 현재 실험하고 있다고 한다(그림 4-6). 그리고 현재 유럽의 지원 아래 진행되고 있는 프로젝트 중 하나가 우주에서 안전한 식량 생산을 위한 식물 재배 기술**EDEN ISS**이다. 이 기술 또한 달과 화성 거주에 목적을 두고 있으며, 여기서 만들어진 온실이 남극에서 현재 실험 중이다(그림 4-7). 이 온실에는 진화된 영양 분배 시스템, 고효율 LED 광원 시스템, 생물-검출과 오염 제거 시스템 그리고 식품 질과 안전 확보 과정과 기술이 포함되어 있다.

그리고 앞에서 언급했듯이 우주 탐사에 앞서서 지구보다 달이

극지과학자가 들려주는 눈덩어리 지구 이야기

새로운 전진 기지로 적합하다. 대기가 없는 달은 로켓 발사에 매우 유리하기 때문이다. 최근 유럽우주기구가 달 기지 건설 계획에 매우 적극적으로 움직이고 있으며, 가장 중요한 자원인 물은 달의 얼음을 이용하고 거기에서 필요한 시설과 도구는 3D 프린터로 현지에서 직접 제작한다는 생각을 하고 있다(그림 4-8). 물론 이런 달 기지 건설은 모든 선진국에서 관심을 두고 추진하고 있는데, 여기에는 달의 광물 자원도 한 몫 차지한다. 달에는 지구에 희소한 헬륨-3가 매우 풍부한데, 이 자원은 미래 핵융합 발전의 원료이기 때문이다. 전자 제품이나 에너지 분야 친환경 제품을 만드는데 핵심

그림 4-8
달 표면 흙을 사용해 만든 달 기지 예상도 (출처: 유럽우주기구ESA)

재료인 희토류 광물도 풍부하다고 하니 모두가 눈독을 들일 만하다. 어찌 되었건 달이나 화성의 기지 건설을 위한 제작 모듈들이 현재 남극에서 시험 중인데, 달에서 얼음을 이용하는 것이 남극에서 얼음을 이용하는 것과 유사하기 때문이다.

2019년 7월에 국제 남극 지구과학 심포지엄이 인천 송도에서 개최되었고, 여기서 각국의 남극 연구 현황이 발표되었다. 여기서 중국 과학자가 자신들의 남극 연구 현황을 발표하면서 향후 장보고기지 옆에 새로 만들어질 다섯 번째 중국 기지도 소개하였는데, 깜짝 놀랄 만한 사실은 새로운 중국 기지의 발전에 수소를 이용한다는 것이었다. 지금까지 남극 대륙의 모든 기지는 기름과 일부 태양열 발전을 하고 있는데, 중국은 새로운 도전을 준비하고 있었던 것이다. 새 중국 기지의 수소 발전은 향후 달 기지 건설과 관련되어 있을 것이다.

남극 대륙의 공학 기술을 우주 산업과 접목하는 것 이외에도 남극 대륙의 폐쇄된 생활 자체를 우주 기지에서 생활하는 인간 심리와 연결할 수 있다. 인간이 밀폐된 우주선이나 기지에서 생활할 때 받게 되는 심리적 충격은 마치 겨울이 되면 자동으로 폐쇄되는 기지에서 겪는 심리 상태와 상당히 유사하다. 실제로 미국의 항공우주국은 지구상에서 화성과 가장 유사한 하와이의 해발 2500m 지점의 한 곳에서 남성 여성 각 3인이 약 30평 규모의 작은 건물에서

4개월간 생활하는 실험을 했다. 이곳의 생활은 실제 인간이 화성에서 경험하는 것과 유사하게 이루어졌는데, 일주일에 일인당 단 8분의 샤워와 건물을 나갈 때는 실제 우주복을 입고 나가도록 하였다고 한다. 또한 화성에서 해야 할 일들(식물 기르기, 의료장비 만들기, 폐기물 처리 및 재활용, 청소 등)이 여기에 포함돼 있다. 실험 기간 동안 미국 항공우주국은 실험자의 심리 상태와 구성원 간의 인간관계 등을 관찰하고 기록했다고 한다.

그렇다면 과연 남극 기지는 어떨까. 저자가 경험한 바에 의하면 -30℃ 이하의 기온과 극야, 초속 20m가 넘는 바람 환경에서 대원들은 장보고기지 바깥 활동을 꿈에도 꿀 수 없다. 가끔 기상관측기에도 기록되지 않는 초속 50m가 넘는 바람이 건물을 세차게 흔들때면 아찔한 공포감이 몰려오기도 한다. 물론 장보고기지가 가상 화성 실험과 같은 극단적인 공간은 아니지만 심리적인 충격은 비슷할 것이다. 수십 년 된 타국 기지의 경우, 월동 대원의 심리 기록 정보가 상당히 축적되어 있다. 우리는 2018년부터 정기적인 심리 상담과 대원들의 생활 관찰을 정신의학적으로 기록하고 있다. 기지 운영과 별도로 우주 가상 기지 실험이 기획될 수 있으며, 이에 대한 기록은 차후 우주 생활의 폐쇄된 고립감을 해소할 수 있는 방안을 세우는데 도움을 줄 수 있다. 또한 고립된 환경에서 발생될 수 있는 응급 상황에 대처할 수 있는 자동화된 의료장비와 약품 개발, 원격 진료 시스템은 새로운 의약 산업의 동력이 될 수 있을 것이다.

머지않아 우주는 새로운 기회와 도전의 장이 될 것이다. 가장 먼저 우리와 가까운 태양계 내 행성들이 우리를 맞이할 것이다. 지구는 우리 태양계 시스템의 하나이며 지구의 과거를 아는 것은 곧 태양계 행성의 비밀을 밝히는데 중요한 열쇠가 된다. 과거 눈덩어리 지구는 행성학적인 측면에서 지구 진화의 한 단면이자 태양계 얼음 행성을 이해할 수 있는 기회를 제공할 수 있다. 그런 과거 지구 역사를 닮은 남극 대륙은 과거를 조명할 수 있는 기회의 땅이자 미래를 대비할 수 있는 도전의 땅이다. 지금 세상은 지구온난화를 걱정하고 있다. 이것은 분명 당면한 우리의 문제이며 현실이다. 하지만 미래 빙하기와 제2의 우주 터전은 미래 세대를 위해 우리가 준비해야 할 충분한 이유가 될 수 있다. 신발, 의류 등 단순한 소재부터 극한지 공학, 거대 지구공학까지 우리가 준비하고 대비해야 할 것들이 남극 대륙과 연결돼 있다.

물론 남극 대륙은 지구 기후 조절 요인의 한 축을 담당하고 있기 때문에 환경적으로 보호되어야 한다. 현재 많은 나라가 남극 대륙에 기지를 구축하고 점차 그 영역을 확대하고 있다. 이로 인해 청정 지역인 남극 대륙이 인류에 오염될까 염려하는 사람도 많다. 앞으로 우리가 남극 대륙에서 자체 청정에너지를 사용하여 자급자족

극지과학자가 들려주는 눈덩어리 지구 이야기

이 가능한 생활 환경을 마련하고 오염 없는 거주 환경을 만들 수 있다면, 극한지 시대를 대비하여 인류의 생존에 기여할 초석을 다지는 일이 될 것이다. 결국 이런 노하우는 미래 우주 시대의 극한지 환경을 극복하는 중요한 요소가 될 것이다.

참고 문헌

Alley, R.B. (2000). The Younger Dryas cold interval as viewed from central Greenland. Quaternary Science Reviews, 19, 213–226.

Bartley, J.K., and L.C. Kah, (2004), Marine carbon reservoir, C_{org}–C_{carb} coupling, and the evolution of the Proterozoic carbon cycle, Geology, 32, 129–132.

Bekker, A., J.F. Slack, N. Planavsky, B. Krapez, A. Hofmann, K.O. Konnhauser, O. Rouxel, (2010), Iron formation: The sedimentary product of a complex interplay among mantle, tectonic, oceanic, and biospheric processes. Econ. Geol. 105, 467–508 .

Bender, M.L. (2013), Paleoclimate, Pinceton University press.

Benn, D.I., G.L. Hir, H. Bao, Y. Donnadieu, C. Dumas, E.J. Fleming, M.J. Hambrey, E.A. McMillan, M.S. Petronis, G. Ramstein, C.T.E. Stevenson, P.M. Wynn, and I.J. Fairchild (2015), Orbitally forced ice sheet fluctuations during the Marinoan Snowball Earth glaciation, Nature Geoscience, DOI: 10.1038/NGEO2502.

Campo, J.M., J.S. Wellner, E. Domack, C. Lavoie, K.–C. Yoo (2017), Glacial geomorphology of the northwestern Weddell Sea, eastern Antarctic Peninsula continental shelf: Shifting ice flow patterns during deglaciation, Geomorphology, 280, 89–107.

Donnadieu, Y., Y. Godderis, G. Ramstein, A. Nedelec, and J. Meeert (2004), A "snowball Earth" climatic triggered by continental break–up through changes in runoff, Nature, 428, 303–306.

Goodman, J.C. and R.T. Pierrehumbert (2003), Glacial flow of floating marine ice in "Snowball Earth", Journal of Geophysical Research, 108, C10, 3308.

Hoffman, P.F., A.J. Kaufman, G.P. Halverson, D.P. Schrag (1998), A Neoproterozoic Snowball Earth, Science, 281, 1342–1346.

Hoffman, P., and D. Schrag (2002), The snowball Earth hypothesis: Testing the limits of global change, Terra Nova, 14, 129–155.

Hoffman, P., and Z.–X. Li (2009), A palaeogeographic context for Neoproterozoic glaciation, Palaeogeography, Palaeoclimatology, Palaeoecology, 277, 158–172.

Hoffman, P.F., D.S. Abbot, Y. Ashkenazy, D.I. Benn, J.J. Brocks, P.A. Cohen, G.M. Cox, J.R. Creveling, Y. Donnadieu, D.H. Erwin, I.J. Fairchild, D. Ferreira, J.C. Coodman, G.P. Halverson, M.F. Jansen, G. Le Hir, G.D.Love, F.A. Macdonald, and A.C. Maloof, C.A. Partin, G. Ramstein, B.E.J. Rose, C.V. Rose, P.M. Sadler, E. Tziperman, A. Voigt, S.G. Warren (2017), Snowball Earth climate dynamics and Cryogenian geology–geobiology, Science Advances, 3, e1600983.

Kirschvink, L. (1992), Late Proterozoic low–latitude global glaciation: The Snowball Earth, in The Proterozoic Biosphere: A Multidisciplinary Study, J. W. Schopf, C. Klein, D. Des Maris, Eds. (Cambridge Univ. Press), pp. 51–52.

Leather, J., P.A. Allen, M.D. Brasier, and A. Cozzi (2002), Neoproterozoic snowball Earth under scrutiny: Evidence from the Fiq glaciation of Oman, Geology, 30, 891–894.

Lechte, M., and M. Wallace (2016), Sub–ice shelf ironstone deposition during the Neoproterozoic Sturtian glaciation, Geology, 44, 891–894.

Macdonald, F.A., et al. (2017), Initiation of Snowball Earth with volcanic sulfur aerosol emissions, Geophysical Research Letters, DOI: 10.1002/2016GL072335

Pavlov, A.A., O.B. Toon, A.K. Pavlov, J. Balley, and D. Pollard (2005), Passing through a giant molecular cloud: "Snowball" glaciations produced by interstellar dust, Geophysical Research Letters, 32, doi: 10.1029/2004GL028190.

Peltier, W.R., L. Tarasov, G. Vettoretti, and L.P. Solheim (2004), Climate Dynamics in Deep Time: Modelling the "Snowball Bifurcation" and Assessing the Plausibility of its Occurrence, in: G.S. Jenkins, M.A.S. McMenamin, C.P. MaKay, L. Sohl, AGU Geophysical Monograpph 146, The Extreme Proterozoic: Geology, Geochemistry, and Climat.

Pollard, D. and J.F. Kasting (2005) Snowball Earth: A thin–ice solution with flowing sea glaciers, Journal of Geophysical Research, 110, C07010.

Subt, C., H.I. Yoon, K.–C. Yoo, J.I. Lee, A. Leventer, E.W. Domack, and B.E. Rosenheim (2017), Sub–ice shelf sediment geochronology utilizing novel radiocarbon methodology for highly detrital sediments. Geochemistry, Geophysics, Geosystems 18(4), 1404–1418.

Yoo, K.–C., M.K. Lee, H.I. Yoon, Y.I. Lee, C.Y. Kang (2015). Hydrography of Marian Cove, King George Island, West Antarctica: implications for ice–proximal sedimentation during summer. Antarctic Science, 27(2), 185–196.

Yoon, H.I., K.–C. Yoo, B.–K. Park, Y. Kim, B.–K. Khim, and C.–Y. Kang (2004), The origin of massive diamicton in Marian and Potter coves, King George Island, West Antarctica. Geosciences Journal. 8(1), 1–10.

Zhou, C., M.H. Huyskens, X. Lang, S. Xiao, and Q.–Z. Yin (2019). Calibrationg the terminations of Cryogenian global glaciations. Geology, 251, 251–254.

찾아보기

그림으로 보는 극지과학 10
극지과학자가 들려주는 눈덩어리 지구 이야기
적도까지 얼음으로 덮인 적이 있다고?

지 은 이 | 유규철, 이용일

1판 1쇄 인쇄 | 2019년 11월 18일
1판 1쇄 발행 | 2019년 11월 28일

펴 낸 곳 | ㈜지식노마드
펴 낸 이 | 김중현

등록번호 | 제 313-2007-000148호
등록일자 | 2007.7.10
주   소 | (04032) 서울특별시 마포구 양화로 133, 1201호(서교타워, 서교동)
전   화 | 02-323-1410
팩   스 | 02-6499-1411

이 메 일 | knomad@knomad.co.kr
홈페이지 | http://www.knomad.co.kr

가   격 | 12,000원
ISBN 979-11-87481-67-6 04450
ISBN 978-89-93322-65-1 04450(세트)